混沌图像加密及其安全性分析

冯 伟 著

U0206217

西南交通大学出版社

·成 都·

图书在版编目（ＣＩＰ）数据

混沌图像加密及其安全性分析 / 冯伟著. —成都：
西南交通大学出版社，2021.12
ISBN 978-7-5643-8471-5

Ⅰ. ①混… Ⅱ. ①冯… Ⅲ. ①图像处理 – 加密技术 –
研究 Ⅳ. ①TP391.413

中国版本图书馆 CIP 数据核字（2021）第 270376 号

Hundun Tuxiang Jiami ji qi Anquanxing Fenxi
混沌图像加密及其安全性分析

冯　伟 / 著

责任编辑 / 黄庆斌
特邀编辑 / 刘姗姗
封面设计 / GT 工作室

西南交通大学出版社出版发行
（四川省成都市金牛区二环路北一段 111 号西南交通大学创新大厦 21 楼　610031）
发行部电话：028-87600564　028-87600533
网址：http://www.xnjdcbs.com
印刷：成都蜀雅印务有限公司

成品尺寸　170 mm×230 mm
印张　10.75　　字数　166 千
版次　2021 年 12 月第 1 版　　印次　2021 年 12 月第 1 次

书号　ISBN 978-7-5643-8471-5
定价　68.00 元

图书如有印装质量问题　本社负责退换
版权所有　盗版必究　举报电话：028-87600562

前言

PREFACE

随着网络技术和信息技术的飞速发展，数字图像因能生动、直观、便捷和迅速地传达信息，其应用极其广泛。可以说，人们工作和生活的方方面面都离不开数字图像。各行各业在其形形色色的生产和经营活动中也都需要广泛运用数字图像。然而，数字图像的广泛运用在给人们带来便利的同时，也带来了巨大的信息安全挑战。因此，为了确保商业安全、军事安全和实现隐私保护等，人们迫切希望在数字图像的传输、使用和存储过程中为其提供安全、高效的保护。众所周知，在各种各样的图像数据保护技术中，图像加密是最便捷和最有效的一种。经过加密得到的密文图像看起来类似于噪声图像，可以很好地掩盖原有的图像信息。在没有正确的秘密密钥的情况下，攻击者难以从中获取有价值的信息。值得注意的是，图像数据具有许多不同于文本数据的显著特征，比如数据量大、信息冗余度高、相邻像素间相关性强等。这样一来，在诸如工业物联网等许多新兴应用场景中，主要针对文本数据而设计的传统加密方案，比如数据加密标准（Data Encryption Standard，DES）、高级加密标准（Advanced Encryption Standard，AES）和国际数据加密算法（International Data Encryption Algorithm，IDEA），都无法很好地满足保护图像数据的要求。目前，图像加密的相关研究正越来越受到广大研究人员的重视，他们正致力于使用新的技术和方法来提高图像加密的安全性与效率，以便能更好地满足人们对于图像数据的加密保护需求。在这些新技术和新方法中，基于混沌系统的图像加密算法或方案（为简单起见，后面将图像加密算法或图像加密方案统称为图像加密算法）得到了众多研究人员的青睐。

自 1963 年 Lorenz 发现第一个混沌吸引子以来，混沌系统已经被广泛地应用于包括系统优化、神经网络、图像数据处理、高速检索、模式识别和故障诊断在内的众多领域。作为一种确定性的伪随机和非线性现象，混沌系统具有许多非常适合现代密码系统设计要求的特性。例如，混沌系统的轨迹对其初始状态值和控制参数极其敏感，即使两者只发生极小的变化，混沌系统也会呈现出完全不同的轨迹。混沌系统的这一特性使得其初始状态值或控制参数非常适合用作密码系统的秘密密钥。因此，近年来有越来越多的研究人员利用混沌系统来设计新的图像加密算法，这些新的图像加密算法即所谓的混沌图像加密算法。

密码分析作为密码学的一个重要分支，对加密技术的发展起着至关重要的推动作用。与图像加密算法的设计者一样，也有许多研究人员致力于图像加密算法的密码分析研究。他们的工作主要是基于现代密码学的相关知识和原理，对设计者们提出的图像加密算法的安全性进行分析与验证，同时也对这些图像加密算法的可行性、实用性和合理性进行评估。毫无疑问，对于密码分析工作中所指出的现有图像加密算法中存在的安全性、可行性、实用性和合理性问题，后续的图像加密算法的设计者都会予以重视，从而避免类似问题的再次发生。可以说，针对图像加密算法的密码分析研究是图像加密技术健康发展的重要保障。

本书内容分为 7 章，主要聚焦于现有图像加密算法的安全性分析与验证，同时也指出了所分析的图像加密算法中存在的一些可行性、实用性和合理性问题。在对三种具有代表性的图像加密算法进行安全性分析之后，本书也提出了两种新颖的图像加密算法，以解决目前图像加密算法中存在的一些问题，从而为未来的图像加密研究人员提供有益参考。各章主要内容如下：

第 1 章包括混沌图像加密的发展情况、混沌图像加密的相关基本概念以及混沌图像加密的发展趋势，主要是对混沌图像加密及安全性分析的研究背景、研究内容、国内外研究现状以及研究意义进行简要介绍。

第 2 章首先对基于集成式混沌系统的图像加密算法（Integrated Chaotic Systems Based Image Encryption algorithm，ICS-IE）进行了简要介绍，然后描述了 ICS-IE 在整数序列转换、行列置换、随机数的使用、模数使用、扩散过程、密钥流以及解密密钥流重建方面存在的一些问题。接下来，对 ICS-IE 进行了必要的改进，并对其进行了密码分析。在密码分析的基础上，提出了可以完全恢复明文图像的选择明文攻击算法。随后还就加密过程中使用的模数以及攻击算法的有效性与可行性进行了测试。最后，本章从混沌序列的使用、加密过程设计以及抵御特定攻击的能力三方面，提出了进一步改进 ICS-IE 的建议。

第 3 章首先对基于 DNA 编码和扰乱的超混沌图像加密算法（DNA encoding and Scrambling based Hyperchaotic Image Encryption Scheme，DS-HIES）的三个主要加密步骤进行了简要介绍。然后描

述了 DS-HIES 算法中存在的问题，并就这些问题进行了改进或提出了改进建议。接下来，对 DS-HIES 进行了密码分析并提出了具体的攻击算法。随后又就 DS-HIES 的明文敏感性以及攻击算法的有效性与可行性进行了测试。最后，本章就混沌系统初始值的生成、混沌序列的使用和加密过程的设计等方面，阐述了进一步改进 DS-HIES 的建议。

第 4 章首先对基于二维混沌映射的图像加密算法（2D Logistic Adjusted Sine map based Image Encryption Scheme，LAS-IES）进行了简要介绍。然后描述了 LAS-IES 算法在算法描述、混沌矩阵生成、混沌系统参数生成、等价秘密密钥、随机值插入、置换过程以及密钥流等方面存在的问题。接下来，对 LAS-IES 进行了密码分析，并提出了通过选择明文攻击来构建和求解异或方程组的攻击算法。随后通过模拟测试验证了攻击算法的有效性和可行性。最后，本章也提出了进一步改进 LAS-IES 的建议。

第 5 章提出了一种基于离散对数和忆阻混沌系统的混沌图像加密算法（Discrete logarithm and Memristive chaotic system based Image Encryption algorithm，DLM-IE）。首先，对忆阻混沌系统、混沌序列的生成以及离散对数进行了简要介绍。然后，本书对基于离散对数和忆阻混沌系统的图像加密算法的主要加密步骤进行了介绍。接下来，从密钥敏感性、密钥空间、像素间关联性、信息熵、选择明文攻击等方面测试和分析了 DLM-IE 的安全性，并与一些最新的混沌图像加密算法进行了对比分析。相关的模拟测试和对比分析表明，该混沌图像加密算法具有极高的实用性和安全性。

第 6 章提出了一种基于离散对数和 DNA 序列操作的明文相关的混沌图像加密算法（Plain image related Chaotic Image Encryption algorithm based on DNA sequence operation and Discrete logarithm，DD-PCIE）。首先，对明文图像散列值的使用、离散对数的使用、DNA 序列操作以及 2D-LSCM 进行了简要介绍。然后，详细地描述和分析了 DD-PCIE 的主要加密步骤，即明文相关的置换与更新、明文相关的 DNA 序列操作以及明文相关的扩散。接下来，从密钥空间、密钥敏感性、像素值分布、信息熵、像素关联性、明文敏感性、选择明文攻击、加密效率等方面，对 PP-DCIE 进行了模拟测试和对比分析。相关的测试和分析表明，PP-DCIE 不仅具有极高的加密效率，还拥有极高的明文相关性和明文敏感性，能够有效抵御选择各种常见攻击。

第 7 章对全书内容进行了总结，概述了全书所展现的研究成果和创新点，然后对混沌图像加密的未来发展方向和趋势进行了讨论。

本书由攀枝花市指导性科技计划项目（编号：2020ZD-S-40）和攀枝花学院博士科研启动项目（编号：2020DOCO019）资助出版。

在多方面的帮助与支持之下，本书得以顺利出版。作者在此感谢母校合肥工业大学的培养以及所在工作单位攀枝花学院的大力支持；感谢导师何怡刚教授的悉心指导和谆谆教诲；感谢攀枝花学院的张靖教授、秦振涛教授、钟玉泉教授和罗学刚副教授，感谢你们在工作中所给予的指导与支持；感谢湖南理工学院的李宏民教授与李春来教授、湘潭大学的李澄清教授、南京航空航天大学的张玉书研究员、安庆师范大学的张朝龙副教授以及华东理工大学的邓芳明副教授等，感谢你们在科研方面所给予的无私帮助与支持。

　　最后，郑重感谢西南交通大学出版社理工分社黄庆斌社长以及出版社其他相关领导和工作人员，感谢你们为本书出版所提供的鼎力支持以及所付出的巨大努力。

冯　伟

于攀枝花学院励志楼

2021 年 8 月

目录

CONTENTS

第 1 章

绪　论

1.1 混沌图像加密的发展情况

如今的时代是高度信息化和网络化的时代，人们日常生活的方方面面都离不开无处不在的网络信息技术。放眼全球，网络信息技术已经融入包括教育、科研、法律、医疗、媒体、国防、工业、商业、农业在内的几乎每一个行业和领域。也正因为如此，在网络信息技术应用过程中，如何更加安全、高效地在日益频繁的网络通信中保护图像数据，已经引起了越来越多的研究者的关注[1-3, 8-41, 42-54, 85, 91, 93, 96-103, 111-113, 122-128, 130-131, 144-149, 166-187]。传统的加密算法，如数据加密标准和高级加密标准，都是针对文本数据开发的，而图像数据具有不同于文本数据的信息冗余度高、像素间关联性强、数据量大等特点，因此一些传统的加密算法并不能很好地应用于图像加密[2-3, 42-45]。

混沌系统作为一种非线性现象，因为其所具有的一些内在特性，如对初始状态值和控制参数的敏感性，以及系统状态值的内随机性、遍历性等[4-7, 42-45]，已成为设计图像加密算法的理想选择。1998 年，Fridrich 提出了经典的置换与扩散混沌加密结构，为基于混沌系统的图像加密奠定了重要基础[8]。此后，广大研究人员就一直致力于提高混沌图像加密的实用性和安全性，不断提出了大量新的混沌图像加密算法[2-3, 9-54]。例如，Chen 等提出了一种基于三维混沌猫映射（Cat map）的对称图像加密算法。该加密算法利用三维猫映射对明文图像像素位置进行扰动，并利用另一种混沌映射来混淆密文图像像素与明文图像像素之间的关系[2]；Pareek 等提出了一种基于混沌映射的图像加密算法来满足安全地传输图像的要求。该算法采用 8 种不同类型的操作来对明文图像像素进行加密，其中哪一种操作会用于特定像素的加密则由逻辑斯蒂映射（Logistic map）的输出决定[3]；Chai 等提出了一种基于混沌的快速图像加密算法。在扩散过程中，该算法引入了块内图像扩散和块间图像扩散[9]；Wang 等提出了一种利用分段线性混沌映射生成密钥图像的图像加密算法，该算法利用脱氧核糖核酸（Deoxyribo-Nucleic Acid，DNA）编码规则来对明文图像进行加密[10]；Chai

利用位级布朗运动扰乱明文图像的 8 个位平面，然后利用可重复的行、列扩散过程来获得密文图像[11]；Guo 等利用二维超混沌系统对明文图像进行全局置乱，然后利用耦合映射格子时空混沌系统来获得密文图像[12]；Abd El-Latif 等提出了一种基于混沌系统的医疗图像量子加密算法。在加密算法中，扰乱后的量子图像会通过基于密钥生成器的量子异或操作来进行加密，而其中使用的密钥生成器则由逻辑斯蒂正弦映射（Logistic-Sine map）来进行控制[20]；Guo 等提出了一种简便的图像加密算法，该加密算法使用贝塔混沌映射（Beta chaotic map）来对输入的明文图像进行混淆和扩散[21]；利用菲斯特尔网络（Feistel network）和动态 DNA 编码技术，Zhang 等提出了一种采用置换、扩散和扰乱结构的混沌图像加密算法[22]；Wang 等则提出了一种采用约瑟夫遍历和混合混沌映射的混沌图像加密算法，该加密算法由密钥流生成过程、3 轮的置乱过程以及 1 轮的扩散过程构成[23]；采用自适应置换扩散架构和 DNA 随机编码，Chen 等实现了一种安全而又高效的图像加密算法[30]；Wu 等提出了一种新的图像加密算法，该加密算法利用 DNA 操作来扩散图像像素，并用二维埃农正弦映射（Two-Dimensional Hénon-Sine Map，2D-HSM）来对图像进行置换，从而保护图像内容[31]；在 Hu 等提出的混沌图像加密算法中，明文图像首先会通过与时空混沌序列转换而成的密钥图像进行异或来进行扩散。接下来，DNA 删除操作和 DNA 插入操作被用来混淆 DNA 编码图像[32]；

值得注意的是，许多混沌图像加密算法由于存在设计缺陷而被破解，这些算法被证实并不具有其所声称的安全性[55-76]。而造成这一状况的主要原因在于，研究人员在设计这些混沌图像加密算法时，忽视了一些重要的加密算法设计原则。例如：密码系统必须满足的混淆与扩散要求[59, 77]、秘密密钥选择的合理性与可行性、算法设计细节的实用性与可行性，以及特殊条件下加密过程的退化与简化等[78-79]。此外，在验证混沌图像加密算法的安全性时，研究人员的焦点主要集中于统计数据，没有深入分析算法抵御具体攻击的能力[59, 79]。由于混沌系统所具有的优势，基于混沌系统的图像加密算法所产生的密文图像往往都具有良好的统计特性[59, 78]。因此，加密算法中存在的设计缺陷或安全性问题常常会被忽视。鉴于此，也有很多的研究者致力于分析和指出现有混沌图像加密算法中存在的安全性问题。大量基于混沌的图像加密算法已经在各种攻击之下被破解[55-58, 60-76, 80-84]：对于采用 DNA 技术和逻辑斯蒂映射的图像加密算法，Dou 等找出了其中存在的安全弱点。针对这一安全弱点，他们采用一种选择明文攻击算法完全破解了该加密算法[65]；Rhouma 等针对基于超混沌系统的图像加密算法提出了两种不同的攻击方式，并成功将该算法破解[66]；Li 等提出了一种选择明文攻击算法，并仅用 3 张选定明文图像就成功破解了基于复合混沌序列的图像加密算法[67]；对于基于混沌理论和维吉尼亚密码（Vigenère cipher）的图像扰乱算法，Zhang 等通过应用选择明文攻击和差分攻击（Differential attack）的组合，提出了两种有效的攻击方法[68]；Zhang 等分析了基于混合变换逻辑斯蒂映射的图像加密算法的安全弱点，并通过应用选择明文攻击，揭示了与 3 个混沌密钥等价的 6 个奇整数密钥和 3 个混沌密钥流[69]；Liu 等在选择明文攻击条件下，评估了基于改进的置换扩散架构的图像加密算法，并成功实施了选择明文攻击[70]；对于基于动态复合混沌函数和线性反馈移位寄存器（Linear Feedback Shift Register，LFSR）的双向扩散图像加密算法，Su 等通过 1 张选择明文图像和 1 张已知明文图像，成功获取了等价密钥流[71]；Zhang 等通过采用选择明文攻击，证明了结合混沌映射与 DNA 技术的图像加密算法并不具有其所主张的安全性[73]；对于拥有双模置换扩散架构的图像加密算法，Wen 等利用多对特殊明文/密文图像，成功地通过差分攻击将其破解[74]；对于一种基于混合超混沌系统和元胞自动机的彩色图像加密算法，Li 等发现了该加密算法的三个安全缺陷，并提出了一种采用选择明文攻击的有效攻击方法[76]；Zhu 等对一种采用增强型帐篷映射的图像加密算法进行了密码分析，并通过选择明文攻击破解了该密码系统[81]；Akhavan 等研究了一种基于 DNA 技术的图像加密算法的安全性，并通过选择明文攻击成功恢复了明文图像[82]；Su 等人确定了基于 DNA 编码和信息熵的混沌图像加密算法的两个漏洞，并通过选择明文攻击破解了该加密算法[84]；对于使用一维混沌映射组合的图像加密算法[91]，Wang 等使用由全零值像素构成的特殊明文图像来消除置换的影响，获得扩散矩阵，然后使用只有一个 1 值像素的全零值明文图像来提取置换

矩阵 [92]；对于基于超混沌系统和动态 S 盒的图像加密算法[93]，Zhang 等使用单一值像素特殊明文图像来恢复密钥流，然后使用全零值特殊明文图像来获取置换矩阵[94]；在 Jridi 等提出的混合式光学图像加密算法中，混淆过程仅引入了一个非常简单的明文图像相关参数，而在更为重要的扩散过程中则没有引入任何明文图像相关参数[103]。事实上，攻击者可以通过选择明文攻击将该加密算法降级为纯置换（Permutation-only）加密算法，而纯置换加密算法已经在许多文献中被证实不具有安全性[104-107]；Jolfaei 等回顾了以前的关于纯置换图像加密算法的密码分析工作，并进一步完善和改进了基于选择明文攻击的密码分析工作。对于所有的纯置换图像加密算法，他们证明了通过选择明文攻击可以完全恢复正确的置换映射[104]；Alvarez 等描述了一种基于新的类逻辑斯蒂混沌映射（Logistic-like chaotic map）的图像加密算法的安全弱点。他们指出，这种混沌映射的状态值分布并不理想，不是用作伪随机流生成器的理想选择[108]；对于一种基于三维猫映射的对称图像加密算法，Wang 等发现了该加密算法的一些基本弱点，并成功实施了明文攻击[109]；对于一些经常用于评估混沌加密算法安全性的统计测试，Preishuber 等证明了它们对于安全性分析而言是不充分的。他们还指出，这些测试对于确保加密算法的安全性，只是必要条件，而非充分条件[78]。从以上的密码分析工作可以看出，选择明文攻击是最常见也是最具威胁性的攻击手段。一种安全的混沌图像加密算法必须能够抵御选择明文攻击。

1.2　混沌图像加密的相关基本概念

本书的研究内容主要包括以下方面：

对一些现有的最新混沌图像加密算法进行研究，根据现代密码系统设计的基本要求和一些重要的原则[59, 77-79, 104]，确定其是否存在合理性、实用性和安全性问题。对于存在安全缺陷的最新混沌图像加密算法，在进行密码分析的基础上，提出具体的攻击算法。即在不知道任何秘密密钥相关信息的条件下完全恢复明文图像，从而证明其确实存在安全性问题。然后针对这些安全性问题，进行具体的改进或提出相关的改进建议。

在广泛分析现有最新混沌图像加密算法的特点和不足，并借鉴已有密码分析成果的基础上[55-58, 60-76, 80-84, 86, 88-90, 92, 94-95, 104-110]，结合具有优良特性的新混沌系统以及已有混沌系统，引入新的技术和加密过程设计，构建具有更高实用性和安全性的混沌图像加密算法。

另外，本书的研究内容还涉及混沌系统、混沌图像加密算法的基本结构、密码分析与攻击以及设计混沌图像加密算法的注意事项。下面就对这些内容分别进行简要的介绍。

1.2.1　混沌系统

混沌系统理论诞生于 20 世纪 70 年代。1963 年，Lorenz 发现了首个混沌吸引子，即 Lorenz 混沌系统[132]。简单地说，混沌系统是一种确定性的伪随机现象，在自然界普遍存在，并且拥有以下非常适合密码系统设计要求的特性：

（1）敏感性：混沌系统的轨迹对系统的初始状态值和控制参数非常敏感，即便只是极小的变化，也会呈现出完全不同的轨迹。简单地说，就是通常所说的蝴蝶效应。混沌系统的这一特性使得系统的初始状态值或控制参数非常适合用作密码系统中的秘密密钥。

（2）内随机性：在初始状态值和控制参数的作用下，混沌系统会呈现出随机特性，而且这种随机性源自产生混沌现象的确定性动力系统本身，即具有内源性，是混沌系统局部不稳定性的呈现。混沌系统的这一特性非常适合密码系统设计中对于随机性的要求。

（3）遍历性：在混沌吸引区域内，混沌系统的轨迹经过有限次迭代，能够遍历区域内的所有点。混沌系统的这一特性意味着，对于任何输入，混沌系统都会产生有着相同分布的输出，因而非常适合密码系统设计中的混淆要求。

对于混沌图像加密算法中使用的各种混沌系统，可以简单地将其分为两类：离散型混沌系统和连续型混沌系统。

在离散型混沌系统中，最常见的是正弦映射（Sine map）、帐篷映射（Tent map）和逻辑斯蒂映射，以及各种经过改进的一维或多维系统[32, 121-131]。

　　公式（1.1）给出了逻辑斯蒂映射的一般定义。其中 x 为系统状态值，u 为控制参数。当 u 处于[0.89, 1]时，逻辑斯蒂映射处于混沌状态。

$$x_{n+1} = L(x) = 4ux_n(1-x_n) \qquad （1.1）$$

图 1.1 展示了逻辑斯蒂映射的分叉图（Bifurcation diagram）以及关于控制参数 u 的李雅普诺夫指数谱。从图 1.1 可以看出，当李雅普诺夫指数大于 0 时，逻辑斯蒂映射处于混沌状态。也就是说，要判断一个系统是否处于混沌状态，可以通过判断其李雅普诺夫指数是否大于 0 来确定。即对于一维映射：

$$x_{n+1} = f(x_n) \qquad （1.2）$$

可以先通过公式（1.3）来计算其李雅普诺夫指数。

$$\lambda = \lim_{n \to \infty} \frac{1}{n} \sum_{i=0}^{n-1} \ln\left|f'(x_i)\right| \qquad （1.3）$$

　　然后判断李雅普诺夫指数是否大于 0。如果李雅普诺夫指数大于 0，则系统处于混沌状态。而对于拥有多个李雅普诺夫指数的高维系统，只要其最大李雅普诺夫指数大于 0，则该高维系统处于混沌状态。如果有多个李雅普诺夫指数大于 0，则该高维系统处于超混沌状态。

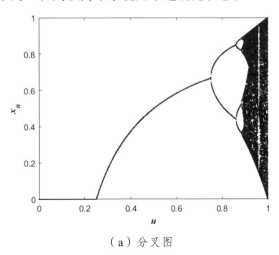

（a）分叉图

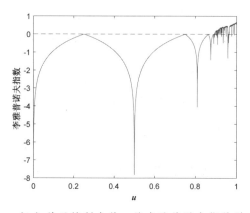

（b）关于控制参数 u 的李雅普诺夫指数谱

图 1.1　逻辑斯蒂映射的分叉图及李雅普诺夫指数谱

与离散型混沌系统一样，连续型混沌系统也经常被用于混沌图像加密。最著名的连续混沌系统有 Lorenz 系统、Chua 系统[133]、Chen 系统[134]、超混沌 Chen 系统[135]等，目前绝大多数的连续混沌系统都是在这些系统的基础上演变而来。比如，王兴元等就在 Lorenz 系统的基础上，构建了一个四维超混沌 Lorenz 系统[136]。

$$\begin{cases} \dot{x} = a(y-x) + w \\ \dot{y} = cx - y - xz \\ \dot{z} = xy - bz \\ \dot{w} = -yz + rw \end{cases} \qquad (1.4)$$

当系统控制参数设置为 $a = 10$、$b = 8/3$、$c = 28$ 和 $-1.52 \leqslant r \leqslant -0.06$ 时，该系统拥有 2 个正的指数，处于超混沌状态。图 1.2 展示了该系统的部分吸引子，其中就包括非常著名的蝴蝶吸引子。

在设计混沌图像加密算法时，使用连续型混沌系统与离散型混沌系统的最大不同之处在于，需要将连续的混沌系统轨迹离散化，类似于音频或视频处理中的数据采样。由于计算机系统的表示精度是有限的，因此必须考虑混沌系统的动力学特性在数字域或有限精度域上的退化问题。对于这一问题，研究人员提出了很多的解决方案。例如：状态值和控制参数扰动就是一种较为常见的解决方案[42-45, 59, 79, 137-140, 155]。但也有研究者对此提出质疑，认为这些解决方案并不能解决混沌系统轨迹在数字域上离散化或进行表示而导致的动力学特性退化问题[80, 141-142]。然而，从另外一些学者对混沌系统的输出序列所进行的美国国家标准与技术研究院（National Institute of Standards and Technology，NIST）SP800-22 测试[143]来看，这些质疑并不完全成立。因为他们的混沌系统输出序列能够通过 NIST SP800-22 中包含的一系列测试，说明这些混沌输出序列确实具有良好的随机性[18, 122, 144-146, 155]。

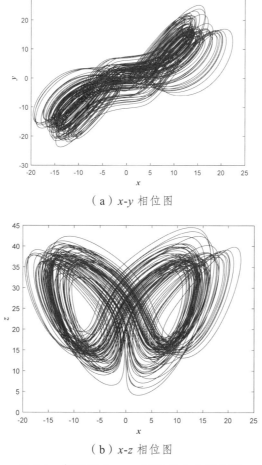

（a）x-y 相位图

（b）x-z 相位图

图 1.2　超混沌 Lorenz 系统的 2 个相位图

1.2.2　混沌图像加密算法的基本结构

　　根据加密过程与解密过程是否对称，通常可以将密码系统分为两类。一类为公开密钥密码系统（Public key cryptosystem），又称不对称密码系统或公钥密码系统；另一类为秘密密钥密码系统（Secret key cryptosystem），又称对称密码系统或私钥密码系统。与公开密钥密码系统相比，秘密密钥密码系统加密效率更快，更适合处理图像等大容量数据。再加上 1.2.1节中曾经提到的，混沌系统对初始状态值和控制参数的敏感性，即混沌系统的初始状态值和控制参数非常适合充当秘密密钥，所以目前绝大多数的混沌图像加密算法都是秘密密钥密码系统，或者说都是采用对称加密结构。

　　自 Fridrich 在 1998 年提出用于混沌图像加密的置换扩散结构以来[8]，目前几乎所有的混沌图像加密算法都是采用这一结构或这一结构的改进版本。图 1.3 展示了目前绝大多数混沌图像加密算法采用的基本加密结构。

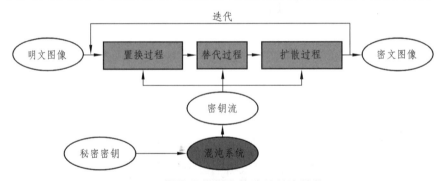

图 1.3　混沌图像加密算法的基本结构

　　在这一基本结构中，置换过程一般用来消除像素间的关联性；替换过程一般用来消除明文图像的像素值分布特征；扩散过程则用来增强加密算法的明文图像敏感性。当然，在设计新的混沌图像加密算法时，为了提高加密算法的加密效率和安全性，以及追求加密算法的创新性，研究人员一般都会对这一基本结构进行改进和变换。例如，相较于常见的像素级置换，有些研究人员就将置换过程和替换过程融合，提出了位级的置换过程[11, 53, 111-113, 147, 148]以及三维置换过程[49, 51, 149]。

1.2.3 密码分析与攻击

从字面意义而言，所谓密码分析，是指对信息系统进行分析以便获取其中隐藏的信息。而从密码学的角度来看，则是指在不知道秘密密钥的情况下，通过分析密码系统本身及其实现来破解密码系统，还原经过加密的明文信息。简单地说，密码分析者或攻击者进行密码分析或攻击的目的为：在特定条件下获得加密前的明文信息。而实现这一目标，通常会有两种方式：一种是通过分析密码系统的加密过程，确定其安全缺陷或漏洞，再通过数学分析，获得与秘密密钥等价的密钥流，从而恢复明文信息。另一种则是直接通过统计分析等手段来获得秘密密钥本身。一般而言，见图 1.3，混沌图像加密算法都是利用通过秘密密钥产生的密钥流来完成加密。而通过密钥流，即混沌序列，来确定系统初始值或控制参数通常是比较困难的。因为经过二十多年的发展，不同于早期的混沌图像加密算法，目前最新的混沌图像加密算法都是采用经过优化和改良的混沌系统，这些混沌系统一般都不会存在明显缺陷。此外，研究人员如今在设计新的混沌图像加密算法时，都会对设计好的加密算法进行大量有关统计特性的测试。因此，目前绝大多数针对混沌图像加密算法的密码分析都是采取第一种方式，即通过分析加密算法来获得等价密钥流而非秘密密钥本身[55-58, 60-76, 80-84, 86, 90, 92, 94-95, 108-110, 141, 152-165]。

从现代密码学的角度来看，在进行密码分析时，有很多信息对于密码分析者或攻击者而言是已知的或可利用的。首先，根据 Shannon 所提到的"敌人了解系统"[77]或者柯克霍夫原则（Kerckhoffs' principle）[150]，密码系统或加密算法本身应该是公开的，加密过程的所有细节对于密码分析者或攻击者而言是完全已知的。也就是说，一个加密算法的安全性应该只依赖于秘密密钥，而不是任何其他秘密参数或保密的加密过程[59, 79, 150]；其次，通过网络监听等手段，攻击者可以获得密文信息；再者，攻击者也有可能获得一些明文信息及其对应的密文信息。例如，在二战中，盟军就通过监听德军通信获得了大量明文信息及其对应的密文信息。此外，攻击者也有可能获得选定明文信息及其对应的密文信息。比如，美军在二战中就通过故意泄露中途岛补给不足的消息，证实了"中途岛"在日军密电系统中的对应密文为"AF"。所以，根据密码分析者或攻击者可获得或可利用的信息的类型，可以将对密码系统或加密算法的攻击分为以下的四种类型：

（1）唯密文攻击（Ciphertext-only attack）：又称已知密文攻击（Known ciphertext attack）。在这种类型的攻击下，攻击者可以获得密文信息。唯密文攻击是最容易实现的攻击类型，例如：通过网络监听就可以获得密文信息。在四种类型的攻击中，唯密文攻击的攻击强度是最低的。目前最新的混沌图像加密算法都可以抵御这种类型的攻击。

（2）已知明文攻击（Known plaintext attack）：在已知明文攻击条件下，除了密文信息，攻击者还可以获得一些已知的明文信息及其对应的密文信息。已知明文攻击的实现条件比唯密文攻击苛刻，其攻击强度高于唯密文攻击。目前最新的混沌图像加密算法绝大多数都可以抵御这种类型的攻击。

（3）选择明文攻击（Chosen plaintext attack）：所谓选择明文攻击，就是指攻击者可以任意选择明文信息，并获得对应的密文信息。进行选择明文攻击时，攻击者一般都会选择特殊明文信息来发起攻击。选择明文攻击的实现条件虽然比唯密文攻击和已知明文攻击苛刻，但人们普遍认为是可以实现的，即加密算法应该具备抵御选择明文攻击的能力[59, 79]。目前绝大多数针对混沌图像加密算法的密码分析都是采用这种类型的攻击手段[55-58, 60-76, 80-84, 86, 90, 92, 94-95, 108-110, 141, 152-165]。所以，在设计新的混沌图像加密算法时，设计者必须要考虑加密算法抵御选择明文攻击的能力[59, 79]。

（4）选择密文攻击（Chosen ciphertext attack）：在选择密文攻击条件下，攻击者可以任意选择密文信息，并获得与其对应的明文信息。实际上，这种类型的攻击在现实中几乎是不可能实现的，而且也是没有实质意义的。如果一旦实现，也就没有必要再对密码系统或加密算法进行攻击。因为对于任意的密文信息，攻击者已经能够获得其对应的明文信息。目前一般都不要求混沌图像加密算法具备抵御选择密文攻击的能力，或者说研究人员不会以某种混沌图像加密算法无法抵御选择密文攻击来作为该加密算法存在安全缺陷的依据[55-76, 79-84, 86, 90, 92, 94-95, 108-110, 141, 152-165]。

1.2.4　混沌图像加密算法的设计要点

从以往针对混沌图像加密算法的大量密码分析工作[55-58, 60-76, 80-84, 86, 90, 92, 94-95, 108-110, 141, 152-165]和相关文献[42-45, 59, 77-80, 88-89, 104-107, 142, 150]来看，要设计一种具有合理性、实用性和安全性的混沌图像加密算法实际上并不容易。通过进一步分析大量混沌图像加密算法[1-3, 8-41, 46-54, 85, 91, 93, 96-103, 111-113, 122-128, 130, 131, 144-149, 166-187]，作者认为，在设计混沌图像加密算法时，应注意以下事项：

（1）混沌图像加密算法是基于混沌序列来进行加密的算法。因此，要从分叉图、李雅普诺夫指数谱、相位图等多方面充分研究和了解所使用的混沌系统的动力学特性，保证选择或构建的混沌系统具有适合图像加密的极佳混沌特性。例如，混沌系统轨迹在相位平面上的分布更广、更均匀等。另外，也要考虑在数字域上处理和表示混沌系统状态值时，混沌系统动力学特性退化的问题[137-140, 151, 152]。

（2）秘密密钥的选择或设计要合理和明确。首先，秘密密钥的构成应明确，除了秘密密钥之外，整个加密过程不应包含任何其他的秘密参数或随机值[60, 150]；其次，也要保证秘密密钥的合理性，不能采用不具有实用性的一次一密（One-Time Pad）形式的秘密密钥。例如：将明文图像散列值作为秘密密钥就是一次一密形式的秘密密钥[37-38]。假设在某个应用中有大量图像需要加密，那么解密方如何安全获得用作秘密密钥的大量明文图像散列值就会是一个难题；最后，在保证有足够大的密钥空间的同时，也要尽量避免等价密钥问题或弱密钥问题[122-123]。

（3）混沌序列的使用应该合理和高效。目前的浮点数表示大多采用的都是 IEEE 浮点运算标准，十进制有效精度为小数点后 15 位[191]。然而，需要注意的是，常见的双精度浮点数表示，实际上都是用 52 位二进制数表示有效数字，在实现加密算法以及在进行模拟测试时需要注意这个问题[80]。在将浮点数形式的混沌序列转换为整数形式的混沌序列时，应该注意混沌序列的使用效率，十进制有效精度高达小数点后 15 位的混沌序列值不应只被用来转换成取值范围很小的整数。另外，混沌序列的生成十分耗时，对于高维连续型混沌系统尤其如此[50, 170, 187]。所以，应当充分使用每一个生成的混沌序列值，以便提高加密效率，否则就违背了设计混沌图像加密算法的初衷[78, 80]。

（4）应该合理、高效地满足 Shannon 所提出的混淆和扩散要求，兼顾加密效率和安全性。即要对明文图像进行合理的置换和替换，尽量避免置换和替换过程能够被选择明文攻击所简化或消除[104-107]。对于扩散过程也是如此，应保证扩散的充分性和有效性，避免扩散过程能够被选择明文攻击所简化或消除[31, 88, 89]。另一方面，也要避免设计过于复杂的加密过程[22, 159]以及没有任何意义的重复步骤。例如，像素值替换进行一次与进行多次，并无任何实质性的区别[17]。

（5）进行实质性的攻击抵御能力分析。在验证所提出的混沌图像加密算法的安全性时，目前绝大多数的研究人员都将注意力放在了相关模拟测试的统计数据分析和展示上。然而，混沌图像加密算法通过相关模拟测试或展示出良好的测试统计数据，实际上只是其具有安全性的必要条件，而非充分条件，并不能保证其具有抵御具体攻击的能力[78, 80, 162]。从 1.2.3 节可以看出，选择明文攻击是最具可行性和最具威胁性的攻击手段，也是目前绝大多数最新的混沌图像加密算法被破解的原因[55-58, 60-76, 81-84, 86, 90,92,94,95,108-110, 141, 152-161,163-165]。因此，在验证混沌图像加密算法的安全性时，至少还应该从攻击者的角度，针对最具威胁性的选择明文攻击进行实质性分析，而不只是进行形式上的简单分析[15, 17, 19, 21-23, 29-31, 33-34, 36-38, 48, 54, 62, 64, 92, 113, 122-123, 130, 152-153, 156-157, 162, 169, 175-176, 180-186]。

1.3 混沌图像加密的发展趋势

自从二十世纪九十年混沌系统被应用于图像加密以来，由于混沌系统具有多种非常适合图像加密的优良特性，广大研究人员已经提出了数以千计的混沌图像加密算法。而且近年来，每年仍有数以百计的混沌图像加密算法被提出[59]。

目前，混沌图像加密的相关研究已经相对成熟，研究的发展趋势主要体现在以下的三个方面：

（1）改进现有的混沌系统或构建新的混沌系统，并将其应用于图像加密。这一类的国内外相关研究有很多[14, 31, 34, 36, 47-48, 52, 122-123, 125-127, 166, 169, 179-182, 185]。例如：基于贝塔函数，Zahmoul 等创建了新的混沌映射。利用新混沌映射生成的混沌序列，他们设计了一种包含置换、扩散和替换过程的混沌图像加密算法[52]；哈尔滨工业大学深圳研究生院的 Hua 等提出了一种二维耦合式映射（2D Logistic Sine Coupling Map，2D-LSCM），该耦合式映射将经典的逻辑斯蒂映射和正弦映射耦合在一起，并将维度从一维扩展至二维[122]。与一些最新的改进型二维混沌映射相比[123, 127]，2D-LSCM拥有分布范围更广、均匀度更佳的混沌轨迹，更广的混沌范围，更复杂的混沌行为以及更高的不可预测性。另外，该离散型混沌系统也很好地解决了在数字域上处理和表示混沌系统所导致的动态退化问题。当表示精度为 10^{-8} 时，2D-LSCM 的平均周期长度高达 4455734，这足以满足加密常规尺寸图像的要求。凭借这一具有优良混沌特性的混沌系统，Hua 等设计了一种采用置换扩散结构的混沌图像加密算法；针对逻辑斯蒂映射因为表示精度有限而退化的问题，西南大学的 Bo 等将逻辑斯蒂映射扩展到了有限域，并就特定有限域上的逻辑斯蒂映射的周期属性以及控制参数对混沌特性的影响进行了理论分析[125]。随后的模拟测试表明，特定有限域上的逻辑斯蒂映射拥有状态值周期长、随机性强、系统李雅普诺夫指数高、混沌序列长度可控、混沌序列生成速度快等优良特性。最后，他们设计了一种基于该映射的混沌图像加密算法；Natiq 等基于一维的正弦映射和二维的埃农映射提出了一种新的二维离散型混沌系统（2D Sine-Hénon Alteration Model，2D-SHAM）。通过分析该混沌系统的轨迹、分叉图、李雅普诺夫指数等，他们发现该系统具有极佳的超混沌特性。然后，他们基于 2D-SHAM 设计了一种采用置换扩散结构的混沌图像加密算法[166]；Pham 等构建了一种无平衡点的混沌系统，并给出了该系统的电路实现。接下来，凭借这一具有优良特性的连续型混沌系统，他们提出了一种基于 3 个 S 盒的混沌图像加密算法[185]。

（2）与其他技术手段相结合或引入新的技术手段，从而改进加密过程。

为了进一步提高混沌图像加密的效率和安全性，国内外的广大研究人员纷纷将混沌图像加密与 DNA 技术 [10, 17, 19, 22, 26-27, 29-34, 37-41, 46, 167]、元胞自动机 [13, 37, 192-195]、量子技术[20, 196-200]，以及光学技术[29, 96, 100, 201-206]等相结合。例如：河南大学的 Wu 等与德国洪堡大学的 Kurths 合作，提出了一种基于 DNA 序列操作的混沌图像加密算法[167]。该算法采用耦合映射格子生成密钥流，并通过 DNA 编码规则将明文图像转换成 DNA 矩阵，然后对该矩阵执行列置换和行置换。最后，该算法对 DNA 矩阵分别进行 DNA 加操作、DNA 减操作和 DNA 异或操作，并通过 DNA 解码规则，将 DNA 矩阵转换成密文图像；基于斜帐篷映射（Skew tent map），Mondal 等提出了一种采用元胞自动机的图像加密算法[192]。在该图像加密算法中，斜帐篷映射被用作元胞自动机的初始矢量生成器，而元胞自动机则被用来生成用于加密的伪随机数序列；河海大学的 Ping 等提出了一种基于元胞自动机和二维离散型混沌系统的图像加密算法[194]。该算法采用置换和替换结构，先使用二维离散型混沌系统产生的混沌序列来对明文图像进行置换，然后使用元胞自动机来完成替换操作；河南大学的 Chai 等与美国杜克大学的 Chen 合作，提出了一种结合元胞自动机和分块压缩感知的图像压缩与加密算法[195]。在该算法中，明文图像首先会被转换成含重要信息的低频块和含次要信息的高频块，然后元胞自动机会被用来对 4 个块矩阵进行置换。接下来，根据每个块的重要性，分块压缩感知被用来对 4 个置乱块进行压缩与加密。最后，4 个压缩矩阵会被重组成一个矩阵，并重新置乱成密文图像；采用量子交叉交换操作和五维超混沌系统，南昌大学的 Zhou 等提出了一种具有极高加密效率的图像加密算法[196]。在该图像加密算法中，明文图像首先会被转换成以量子红绿蓝（Red-Green-Blue，RGB）多通道表示形式表示的量子图像。接着，通过量子电路，量子图像会被执行位级的交换操作，然后再转换成数字形式的置乱图像。最后，通过与超混沌系统产生的混沌序列异或，置乱图像会被转换成密文图像；北京工业大学的 Jiang 等提出了一种基于二维离散型混沌系统的量子图像加密算法。该算法完全采用量子计算机来完成整个加密过程，包括混沌序列的生成以及明文图像的加密[198]；基于逻辑斯蒂映射，重庆大学的 Liu 等提出了一种采用位级置换的量子图像加密算法[200]。在该算法中，明文图像首先会被转换量子图像，然后通过量子电路进行位级置换。最后，通过与混沌序列转换成的量子图像进行量子异或，得到量子密文图像；法国洛林大学的 Chen 等提出了一种可以同时隐藏空间和光谱信息，基于改进型二维离散混沌系统的光学图像加密算法[201]。该算法首先将原始的高光谱图像转换成二进制格式，然后将其扩展成一维序列。接下来，通过混沌序列对一维图像序列进行置换。最后，通过计算机控制的 3 个柱状透镜实现新型线性正则积分变换，从而得到密文图像；将压缩感知与分数小波域双随机相位编码相结合，四川大学的 Liu 提出了一种基于三维连续型混沌系统的光学图像加密算法。该算法首先使用压缩感知来压缩明文图像，从而降低需要加密的数据量。然后，对压缩后的图像进行非对称小波域的双随机相位编码。在加密过程中，该算法使用三维混沌系统来生成 3 个伪随机序列，并将其用于压缩感知的测量矩阵以及非对称分数小波变换中的 2 个随机相位掩模[205]；使用二维阿诺德变换和二维组合式混沌映射，Faragallah 提出了一种光学图像加密算法。该算法将二维阿诺德变换用于预处理置乱，并将二维组合式混沌映射用于哈特莱变换。

（3）针对混沌图像加密或特定混沌图像加密算法的密码分析研究。这些密码分析研究一般都会提出具体的攻击算法，并且对被破解的加密算法提出改进建议或进行具体的改进。实际上，除了设计新的混沌图像加密算法，国内外研究人员也非常关注现有混沌图像加密算法的合理性、实用性和安全性。这一类的研究又可以进一步分为三种：

第一种是关于混沌图像加密的整体性密码分析研究。例如：Fatih 认为通过常见的统计和随机性测试并不能确保混沌图像加密算法具有足够的安全性，并提出了一个检查列表来试图提高混沌图像加密算法的安全性[59]；Preishuber 等对当前的混沌图像加密的安全性评估以及加密效率提出了质疑，他们指出不安全的图像加密算法也能通过常见的统计和随机性测试。所以，他们认为目前采用的常见测试并不能保证混沌图像加密算法拥有足够的安全性。另外，通过测试和分析，他们也发现一些现有混沌图像加密算法并不具有足够的加密效率优势[78]；Gonzalo 等就混沌系统的实现、加密算法的实现、秘密密钥的定义与生成，以及加密算法的安全性分析等方面进行较为全面的讨论，并提出了一些相关建议[79]。

第二种是针对某一类混沌图像加密算法或混沌图像加密的某一个方面进行的密码分析研究。例如：在已知明文攻击和选择明文攻击条件下，暨南大学的 Zhang 等研究了基于混沌系统的图像加密算法中使用的一类典型扩散机制及其变体。通过理论分析和模拟测试，他们发现获取这些扩散机制的等价密钥流的数据复杂性仅为 $O(1)$。为了提高混沌图像加密算法的安全性，他们建议对加密结构进行至少 2 轮迭代，以及在扩散机制中引入诸如模乘的具有更高复杂性的计算[88, 89]；对于纯置换图像加密算法的安全性，有许多研究人员对其进行了研究[104-107]。其中 Li 等发现，在已知明文攻击/选择明文攻击条件下，只需 $O(\log_L(M \times N))$ 张已知/选定明文图像就可以恢复至少一半的明文图像像素，而且攻击的时间复杂性仅为 $O(n \times (M \times N)^2)$。

第三种是针对某一个或多个特定混沌图像加密算法的密码分析研究[55-58, 60-76, 80-84, 86, 90, 92, 94, 95, 108-110, 141, 152-165]。毋庸置疑，对于混沌图像加密及其相关技术的发展而言，前两种关于混沌图像加密的密码分析研究起到了巨大的推动作用。但是，这些研究也存在针对性不强或者说可操作性不强的问题。例如：对于常用统计和随机性测试无法确保算法安全性的问题，到目前为止，仍然没有得到很好解决。因为能够通过这些测试虽然不是混沌图像加密算法具有安全性的充分条件，但也是混沌图像加密算法具有安全性的必要条件。也就是说，通过这些测试不一定是安全的，但是安全的混沌图像加密算法肯定能够通过这些测试。所以，针对特定混沌图像加密算法进行具体密码分析，从而找出其中的具体问题就显得很有必要了。

经过二十多年的发展，混沌图像加密的相关研究已经有了丰硕成果，许多最新的混沌图像加密算法已经有了极高的应用价值。然而，为了进一步提高混沌图像加密的实用性和安全性，广大研究人员仍在积极努力，不断引入新的技术和新的方法来设计新的混沌图像加密算法，而这些新的混沌图像加密算法的合理性、实用性和安全性仍有待检验[15, 17, 19, 21-23, 29-31, 33-34, 36-38, 48, 54, 62, 64, 92, 113, 122-123, 130, 152-153, 156-157, 162, 166, 169, 175-176, 180-186, 200]。因此，对这些最新的混沌图像加密算法进行密码分析就极具必要性，通过分析和验证这些最新的混沌图像加密算法，可以进一步推动混沌图像加密的发展，为未来的混沌图像加密算法设计提供有益参考。

混沌系统具有参数敏感性、遍历性和内随机性等非常适合图像加密的优良特性，是混沌图像加密技术的重要基础。因此，设计、构建和实现新的具有更佳混沌特性的混沌系统是混沌图像加密的一个重要发展方向，对于推动混沌图像加密的发展有着十分重要的意义。除此之外，混沌图像加密的加密过程也对混沌图像算法的合理性、实用性和安全性有着至关重要的影响。因此，改进和完善混沌图像加密的加密过程，提出新的混沌图像加密算法，是混沌图像加密的另一重要发展方向。

第 2 章

基于集成式混沌系统的图像
加密算法的安全性分析

2.1　引　言

近年来，基于混沌系统的图像加密正受到越来越多的研究者的青睐，各种不同的技术[10, 13, 17, 20, 29, 37]和各种新的混沌系统[14, 31, 34, 36, 47-48]被不断引入。虽然混沌系统在图像加密方面具有许多优势，但不完善的加密算法设计会影响加密算法的可行性、实用性和安全性[55-58, 60-76]。鉴于此，本书对国际知名学术期刊《Signal Processing》（影响因子 3.470）2018 年报道的基于集成式混沌系统的图像加密算法（Integrated Chaotic Systems Based Image Encryption algorithm，ICS-IE）[36]进行了全面的分析和研究。虽然 ICS-IE 具有结构简单、易于实现和运行速度快等优点，但它在设计上也存在一些问题。本章首先对 ICS-IE 进行了简要介绍，指出 ICS-IE 中存在的问题，然后对其进行必要的改进，以进一步提高其可行性和实用性。接下来，在不改变原始算法安全性的前提下，本章会对经过改进的 ICS-IE 进行密码分析，并在密码分析基础上提出具体的选择明文攻击算法。对于 ICS-IE 中使用的模数和本章所提出的攻击算法，本章会展示并分析相关的模拟测试结果。本章最后提出了一些进一步提高 ICS-IE 安全性的建议。

2.2　原始算法简介

本节将会简要介绍 ICS-IE。在介绍该算法的过程中，本书将尽可能地使用原始论文中的符号。有关 ICS-IE 的具体细节，请参考[36]。本节首先介绍 ICS-IE 中使用的混沌序列的生成过程。ICS-IE 中使用的混沌序列由 II 型集成式混沌系统（Integrated Chaotic Systems II，ICS-II）生成。ICS 基于三种常见的一维映射，即正弦映射、帐篷映射和逻辑斯蒂映射：

$$\text{Sine map:} \quad x_{n+1} = S(x) = u \sin(\pi x_n)$$

$$\text{Tent map:} \quad x_{n+1} = T(x) = \begin{cases} 2ux_n & x_n < 0.5 \\ 2u(1-x_n) & x_n \geqslant 0.5 \end{cases} \quad (2.1)$$

$$\text{Logistic map:} \quad x_{n+1} = L(x) = 4ux_n(1-x_n)$$

其中 $u \in [0,1]$，是控制参数；x_n 和 x_{n+1} 是状态值，取值范围为 $[0,1]$。这三种

映射会被用来构成所谓的 I 型集成式混沌系统（Integrated Chaotic Systems I，ICS-I），即：

$$x_{n+1} = \tau(x) = (F(G(x)) + H(x)) \bmod 1 \tag{2.2}$$

进一步地，通过使用 f_n 和 h_n 切换 ICS-I 来构成 ICS-II：

$$x_{n+1} = \begin{cases} F_1(G(x_n)) & f_n < 0.5 \\ F_2(G(x_n)) & f_n \geqslant 0.5 \end{cases} + \begin{cases} H_1(x_n) & h_n < 0.5 \\ H_2(x_n) & h_n \geqslant 0.5 \end{cases} \tag{2.3}$$

其中 $G(x)$ 设置为帐篷映射；F_1 和 F_2 分别设置为逻辑斯蒂映射和帐篷映射；H_1 设置为逻辑斯蒂映射，H_2 设置为正弦映射；f_n 和 h_n 分别是由正弦映射和帐篷映射生成的混沌状态值序列。另外，这两个单独使用的正弦映射和帐篷映射的初始值将会被更新 4 次：

$$c_0^i = \begin{cases} \dfrac{1}{2}(c_0 + p)), & \text{for } i = 1 \\ \dfrac{1}{2}(c_0^{i\text{-}1} + x_0)), & \text{for } i > 1 \end{cases} \tag{2.4}$$

其中，p 是随机值；c_0 是正弦映射或帐篷映射的初始值；x_0 是 ICS-II 的初始值。对于混沌序列的使用，ICS-IE 的替换过程直接使用由 ICS-II 生成的混沌序列。而 ICS-IE 的置换过程则使用通过一系列步骤由混沌序列转换而成的整数序列。至于具体的转换步骤，请参阅原始论文的第 4.1 节。

ICS-IE 由两部分构成，即替换过程和基于 ICS 的变换（ICS-based Transformation，ICST）。实际上，ICST 就是一个行和列的置换过程。ICS-IE 的主要步骤如下：

（1）输入秘密密钥 u、x_0、f_0 和 h_0，其中 u 和 x_0 是 ICS-II 的控制参数和初始值，f_0 和 h_0 是用来生成 f_n 和 h_n 的映射初始值。另一个输入是明文图像 P，其大小为 $M \times N$，即图像宽度为 M，图像高度为 N。

（2）使用 x_0 和随机值 p 来更新初始值 f_0 和 h_0。

（3）生成 ICS-II 的状态值序列 X，该序列的长度为 $M \times N + M + N$。其中前 $M \times N$ 个值将会在替换过程中使用，而剩余的 $M + N$ 个值则会被转换成整数序列，并在置换过程中使用。

（4）执行替换过程：

$$E(m,n) = (\lfloor x_s(k) \times F \rfloor - I(m,n)) \bmod F \qquad (2.5)$$

其中，$x_s(k)$是状态值序列 X 的前 $M \times N$ 个值，I 是替换过程的输入图像，F是 I 的最大像素值，E 是替换过程的输出图像。m 和 n 是取值范围分别为$[1,M]$和$[1,N]$的两个整数。$\lfloor \cdot \rfloor$ 返回小于或等于操作数的最大整数。

（5）执行 ICST。ICST 包括两个步骤：第一步是将取值范围为$[0,1]$的浮点数形式的混沌状态值序列转换为取值范围分别为$[1,M]$和$[1,N]$的两个整数序列。第二步是使用这 2 个整数序列来完成行和列的置换。

（6）重复步骤（2）到（5）4 次，获得密文图像和解密密钥（Decryption key）。

2.3 原始算法中存在的问题

本节将讨论 ICS-IE 在可行性、实用性和安全性方面存在的问题。虽然原始论文的第 5 节展示了灰度图像（Grayscale image）、彩色图像（Color image）、生物识别图像（Biometrics image）和二值图像（Binary image）的加密和解密结果，但原始论文却没有提供有关 ICS-IE 如何处理不同类型图像的具体细节。再加上绝大多数混沌图像加密算法在处理不同类型的图像时，并没有实质性的不同，所以本节只讨论 256 个灰度级的灰度图像。

2.3.1 整数序列转换

在 ICST 的第一步中，ICS-II 产生的混沌状态值序列首先会按公式（2.6）转换成整数序列：

$$T_i = 1000 \times X_i + 2 \qquad (2.6)$$

显然，这一转换方式有待改进。根据公式（2.6），对于混沌序列 X 中的每个混沌状态值，只有小数点右边的前三个数字可以影响整数序列 T 中相应整数的值。此外，$1000 \times X_i + 2$ 显然不是整数。因此，对于这一转换，在实现 ICS-IE 时，会使用如下公式：

$$T_i = ((\lfloor 1000 \times X_i \rfloor + 2) \bmod M) + 1, i = 1, 2, \cdots, M \qquad (2.7)$$

$$T_i = ((\lfloor 1000 \times X_i \rfloor + 2) \bmod N) + 1, i = M+1, M+2, \cdots, M+N \qquad (2.8)$$

使用公式（2.7）和公式（2.8）的原因是，尽可能少地改变 ICS-IE。事实上，LCST 的第一步应该修改为：

$$T_i = (\lfloor 10^A \times X_i \rfloor \bmod M) + 1, i = 1, 2, \cdots, M \qquad (2.9)$$

$$T_i = (\lfloor 10^A \times X_i \rfloor \bmod N) + 1, i = M+1, M+2, \cdots, M+N \qquad (2.10)$$

其中 A 是计算机在处理双精度浮点数时可以有效使用的最大小数位数，取值一般是 15。否则，ICST 的第一步中的后续处理对提高整数序列 T 的随机性没有实质性意义。对于公式（2.5），实际上也存在类似问题。

2.3.2 行列置换

在 ICST 的第二步中，如果仅根据原始论文的描述来进行处理，可能会出现行列置换不可逆的状况。以行置换为例，T_r 是一个整数序列，其取值范围为 $[1,M]$，长度为 M。因为 T_r 是由 ICST 第一步产生的混沌状态值序列转换而成的，所以 T_r 中可能存在重复值。这样一来，原始论文中构造的行置换矩阵：

$$W_c(i, j) = \begin{cases} 1 & \text{for } (T_r(j), j) \\ 0 & \text{others} \end{cases} \qquad (2.11)$$

在某些行可能会存在多个 1。因此，$W_c^{\mathrm{T}}(i, j)$ 可能会不可逆。原文中构造的列置换矩阵也同样如此。在此举一个简单例子，如果 $T_3 = \{1,2,2\}$，那么 W_3 的转置矩阵 W_3^{T} 是不可逆的。

$$W_3 = \begin{bmatrix} 1 & 0 & 0 \\ 0 & 1 & 1 \\ 0 & 0 & 0 \end{bmatrix} \qquad W_3^{\mathrm{T}} = \begin{bmatrix} 1 & 0 & 0 \\ 0 & 1 & 0 \\ 0 & 1 & 0 \end{bmatrix} \qquad (2.12)$$

2.3.3 随机数的使用

原始论文在第一次更新 f_0 和 h_0 时，使用了随机数 p。显然，这一设计并不符合柯克霍夫原则[150]。根据柯克霍夫原则，加密算法不应该包含除秘密密钥之外的任何秘密参数。另外，根据原始论文的第 6.1.1 节中所描述的秘密密钥的构成，秘密密钥并不包括该随机数。因此，按照柯克霍夫原则，该随机数对于攻击者而言是已知的。另外，由于该随机数不是秘密密钥的一部分，而原作者又没有说明解密方如何获得该随机数，所以密文图像的解密方并不知道该随机数。因此，解密方无法仅通过秘密密钥来重建密钥流，也就无法正确解密密文图像。总之，这一使用随机数更新初始值的设计不具有可行性，不符合柯克霍夫原则。因此，本书在进行密码分析时，合理地认为该随机数是秘密密钥的一部分，即在选择明文攻击条件下，该随机数 p 至少是维持不变的。

2.3.4　替换过程中使用的模数

根据原始论文的第 4.2 节，在 ICS-IE 的替换过程中，模运算的模数是输入图像的最大像素值 F，而不是常用的 256。事实上，这一设计缩小了密文图像像素的取值范围，即从 mod 256 的[0,255]缩小到了 mod F 的 [0,F-1]，并且这将会暴露明文图像的信息。不难发现，明文图像的最大像素值 F_M 可以通过密文图像的最大像素值 F_C 轻松确定。因为每次输入图像被替换时，最大像素值都会被减 1，所以 $F_M = F_C + 4$。此外，在加密和解密过程中使用模数 F 的另一个严重后果是，因为 $F \bmod F = 0$，所以拥有最大像素值 F 的明文图像像素，在解密之后的像素值会变为 0。若要避免这一状况出现，则应使用 mod $(F+1)$ 而不是 mod F。进一步地，如果要解决暴露明文图像像素值范围的问题，则应使用 mod 256。同样地，为了尽可能少地改变 ICS-IE，本书在对 ICS-IE 进行密码分析和实现该算法时，采用 mod $(F+1)$ 而不是 mod F。

2.3.5　扩散要求

扩散和混淆是由 Shannon 提出的密码系统设计应满足的两个基本要求[59, 77]。所谓的扩散要求就是指明文的每一位都应该影响尽可能多的密文位，这样一来就可以最大限度地隐藏明文的统计特征。尽管原作者声称

ICS-IE 具有良好的扩散效果，但不难从 ICS-IE 的整个过程中看出，一个明文像素只会影响一个密文像素。也就是说，ICS-IE 的替换过程和 ICST 没有任何的扩散效果，更不用说密码系统设计应追求的雪崩效应。与一轮的替换和置换相比，该算法所采用的四轮替换和置换拥有完全相同的安全效果，这一点会在第 2.5 节中详细说明。

2.3.6 密钥流

如果不考虑不合理的随机变量 p 设计，ICS-IE 在加密不同明文图像时，密钥流实际上是保持不变的。另外，除了替换过程中使用的输入图像的最大像素值 F，该算法的整个加密过程与明文图像无关。也就是说，加密过程中使用的密钥流完全依赖于秘密密钥。众所周知，在选择明文攻击条件下，攻击者可以使用保持不变的未知秘密密钥来获得选择明文图像的对应密文图像。这样一来，通过选择明文攻击，攻击者可以设法获得 ICS-IE 的等价替换矩阵和等价置换矩阵。对于这一点，本书同样会在第 2.5 节中详细说明。

2.3.7 解密密钥流重建

ICS-IE 显然跟绝大多数混沌图像加密算法一样，是一种对称加密算法。这一点可以从原作者全文的描述，尤其是对 ICST 的描述中看出。但是在原始论文的算法 1 中，算法的输出除了密文图像，还包括解密密钥。换言之，当解密方对密文图像进行解密时，不像常见的对称密码系统和混沌图像加密算法那样使用秘密密钥来重建密钥流，而是直接使用加密方生成的解密密钥流。然而，要解密大小为 $M \times N$ 的密文图像，所需的解密密钥流的长度为 $4 \times M \times N + M + N$。这样的设计显然没有实际意义，不具有实用性。合理的解密方法应该是解密方使用秘密密钥来重建用于解密的解密密钥流。因此，在针对 ICS-IE 所使用的模数进行相关测试时，本书使用更合理的通过秘密密钥重建解密密钥流的方法。

2.4 必要改进

为了确保 ICS-IE 具有更高的可行性和实用性，在不降低 ICS-IE 安全性的前提下，本书对该算法进行了以下改进。如无另行说明，本书在对该算法进行密码分析和实现该算法时，将采用经过改进的版本。

（1）在构成原始论文所述的行置换矩阵 $W_c(i,j)$ 和列置换矩阵 $W_r(k,l)$ 之前，T_r 和 T_c 中的重复值首先会被移除。接下来，[1,M]和[1,N]中没有出现的值会以升序添加至 T_r 和 T_c 的末尾，以便确保行置换和列置换的可逆性。否则，解密方无法正确解密密文图像。

（2）将公式（2.5）中的 mod F 更改为 mod (F+1)，否则解密方无法正确解密密文图像。

（3）基于柯克霍夫原则，将公式（2.4）中的随机值 p 视为秘密密钥的一部分。因此，在选择明文攻击条件下，p 保持不变。另外，从可行性角度来考虑，在经由不安全信道传输大量图像的情况下，一次性使用的 p 值也不具有实用性。因此，本书合理地认为 p 值在选择明文攻击条件下保持不变。

2.5　密码分析

实际上，可以将 ICS-IE 描述为以下的简化数学模型。

$$C_1 = P(S(M, Ks_1), Kp_1) \qquad n = 1 \qquad (2.13)$$
$$C_n = P(S(C_{n-1}, Ks_n), Kp_n) \qquad n = 2, 3, 4 \qquad (2.14)$$

其中，S 是替换过程；P 是行列置换过程；M 是明文图像；C_1、C_2 和 C_3 是中间明文图像，C_4 是最终密文图像；Kp_n 和 Ks_n 是在每轮的替换和置换中使用的等价密钥流；n 为轮数。

在不失一般性的情况下，本书考虑明文图像 M 中的任意像素 Q，其像素值为 p_1，坐标为（i_1, j_1）。在四轮的替换和置换中，该像素将会发生如下的改变。

（1）经过第一轮的替换和置换，Q 的像素值将变为 p_2，根据公式（2.5），可以得到：

$$p_2 = \left(\left\lfloor x_{i_1, j_1} \times F \right\rfloor - p_1 \right) \bmod (F + 1) \qquad (2.15)$$

其中 x_{i_1,j_1} 是 (i_1,j_1) 处的 $x_s(k)$ 的对应值。像素 Q 的坐标则因为置换将变为 (i_2,j_2)。

（2）经过第二轮的替换和置换，Q 的像素值将变为 p_3，根据公式（2.5），可以得到：

$$p_3 = \left(\lfloor x_{i_2,j_2} \times F \rfloor - p_2\right) \bmod (F+1) \tag{2.16}$$

其中 x_{i_2,j_2} 是 (i_2,j_2) 处的 $x_s(k)$ 的对应值。将公式（2.15）代入公式（2.16），并根据模

运算的性质，即 $(A \bmod C)+(B \bmod C) = (A+B) \bmod C$，可以得到：

$$
\begin{aligned}
p_3 &= \left(\lfloor x_{i_2,j_2} \times F \rfloor - p_2\right) \bmod (F+1)\\
&= \left[\lfloor x_{i_2,j_2} \times F \rfloor - \left(\lfloor x_{i_1,j_1} \times F \rfloor - p_1\right) \bmod (F+1)\right] \bmod (F+1) \\
&= \left(\lfloor x_{i_2,j_2} \times F \rfloor - \lfloor x_{i_1,j_1} \times F \rfloor + p_1\right) \bmod (F+1)
\end{aligned}
\tag{2.17}
$$

像素 Q 的坐标则因为置换将变为 (i_3,j_3)。

（3）经过第三轮的替换和置换，Q 的像素值将变为 p_4，根据公式（2.5），可以得到：

$$p_4 = \left(\lfloor x_{i_3,j_3} \times F \rfloor - p_3\right) \bmod (F+1) \tag{2.18}$$

其中 x_{i_3,j_3} 是 (i_3,j_3) 处的 $x_s(k)$ 的对应值。将公式（2.17）代入公式（2.18），可以得到：

$$
\begin{aligned}
p_4 &= \left(\lfloor x_{i_3,j_3} \times F \rfloor - p_3\right) \bmod (F+1)\\
&= \left[\lfloor x_{i_3,j_3} \times F \rfloor - \left(\lfloor x_{i_2,j_2} \times F \rfloor - \lfloor x_{i_1,j_1} \times F \rfloor + p_1\right) \bmod (F+1)\right] \bmod (F+1) \\
&= \left(\lfloor x_{i_3,j_3} \times F \rfloor - \lfloor x_{i_2,j_2} \times F \rfloor + \lfloor x_{i_1,j_1} \times F \rfloor - p_1\right) \bmod (F+1)
\end{aligned}
\tag{2.19}
$$

像素 Q 的坐标则因为置换将变为 (i_4,j_4)。

（4）经过第四轮的替换和置换，Q 的像素值将变为 p_5，根据公式（2.5），可以得到：

$$p_5 = \left(\lfloor x_{i_4,j_4} \times F \rfloor - p_4\right) \bmod (F+1) \tag{2.20}$$

其中 x_{i_4,j_4} 是 (i_4,j_4) 处的 $x_s(k)$ 的对应值。将公式（2.19）代入公式（2.20），可

以得到：

$$p_5 = \left(\left\lfloor x_{i_4,j_4} \times F \right\rfloor - p_4\right) \bmod (F+1)$$

$$= \left[\left\lfloor x_{i_4,j_4} \times F \right\rfloor - \left(\left\lfloor x_{i_3,j_3} \times F \right\rfloor - \left\lfloor x_{i_2,j_2} \times F \right\rfloor + \left\lfloor x_{i_1,j_1} \times F \right\rfloor - p_1\right)\right] \bmod (F+1) \quad （2.21）$$

$$= \left(\left\lfloor x_{i_4,j_4} \times F \right\rfloor - \left\lfloor x_{i_3,j_3} \times F \right\rfloor + \left\lfloor x_{i_2,j_2} \times F \right\rfloor - \left\lfloor x_{i_1,j_1} \times F \right\rfloor + p_1\right) \bmod (F+1)$$

像素 Q 的坐标则因为置换将变为 (i_5,j_5)。不妨令

$$x_\varepsilon = \left\lfloor x_{i_4,j_4} \times F \right\rfloor - \left\lfloor x_{i_3,j_3} \times F \right\rfloor + \left\lfloor x_{i_2,j_2} \times F \right\rfloor - \left\lfloor x_{i_1,j_1} \times F \right\rfloor \quad （2.22）$$

最终，经过四轮的替换和置换，Q 的像素值由 p_1 变为 p_5：

$$p_5 = (x_\varepsilon + p_1) \bmod (F+1) \quad （2.23）$$

而 Q 的坐标则由 (i_1,j_1) 变为 (i_5,j_5)。因此，可以将 ICS-IE 的原始数学模型，即公式（2.13）和（2.14），进一步简化为以下的数学模型：

$$C = P(S(M,Ks'),Kp') \quad （2.24）$$

换言之，在数学意义上，ICS-IE 实际上与一轮的替换和置换等价。

　　基于上述分析，接下来对 ICS-IE 进行选择明文攻击。首先，通过搜索需要破解的密文图像 C_T 来确定最大像素值 F。然后选择任意明文图像 M_a，但 M_a 必须包含至少一个像素值为 F 的像素，并且其他像素的值应不大于 F。利用选择明文攻击条件下未知但保持不变的秘密密钥来对 M_a 进行加密，从而获得相应的密文图像 C_a，并将此密文图像用作后续比较的基准密文图像。接下来，在 M_a 中选择某一个像素 Q_1，该像素的坐标为 (x_1,y_1)。改变 Q_1 的像素值，从而获得 M_b。同样地，利用未知但保持不变的秘密密钥对 M_b 进行加密来获得 C_b。比较 C_a 与 C_b，找出 C_b 中像素值发生变化的像素的坐标 (x_2,y_2)。因为，ICS-IE 没有任何扩散性，一个明文图像像素的变化只会影响一个密文图像像素，所以可以确定 Q_1 在 C_a 中的对应位置 (x_2,y_2)。也就是说，对于任意明文图像像素，都可以通过以上方法确定其在密文图像中的对应位置。类似地，可以逐一选择明文图像 M_a 中的剩余像素，并分别确定它们在密文图像 C_a 中的对应位置，从而确定所有像素在密文图像 C_a 中的对应位置。

事实上，也可以一次确定多对明文/密文图像像素的位置对应关系。让一个像素的值+1，让另一个像素的值+2，让第三个像素的值+3，然后在密文图像中找到像素值分别+1、+2 和+3 的密文图像像素的位置。这样一来，就可以同时确定三个明文图像像素在密文图像中的对应位置。根据 ICS-IE 的设计，明文图像的零值像素的像素值变化可以是+1,+2,...,+F。因此，可以一次确定最多 F 个明文图像像素在密文图像中的对应位置。加上基准密文图像，可以通过最多

$$\lfloor M \times N / F \rfloor + 2 \tag{2.25}$$

张加密的选择明文图像来确定所有明文像素在密文图像中的对应位置，即确定等价置换矩阵 $P(S(\cdot), Kp')$。

另外，在确定位置对应关系的同时，还可以通过计算对应位置处的密文图像像素/明文图像像素的差值来确定公式（2.23）中的值 x_ε，从而最终确定等价替换矩阵 $S(\cdot, Ks')$。到此为止，本书已经破解了 ICS-IE。

基于以上的密码分析，本书设计并实现了如表 2.1 所示的选择明文攻击算法。

表 2.1　针对 ICS-IE 的攻击算法

算法 2.1　针对 ICS-IE 的选择明文攻击算法
输入 需要攻击的密文图像 C。 输出 恢复的明文图像 M。 步骤 （1）读取需要攻击的密文图像 C。 （2）通过搜索密文图像 C，确定最大像素值 F。 （3）计算需要的选择明文图像的数量。 （4）构造选择明文图像矩阵 CPM，并生成所需的所有选择明文图像。 （5）利用未知但保持不变的秘密密钥加密所有选择明文图像。 （6）将第一张选择明文图像的基准密文图像与其他选择明文图像的密文图像进行比较，从而确定等价置换矩阵 EPM。 （7）通过计算明文图像像素与其对应的密文图像像素之间的差值，同时确定等价替换矩阵 ESM。 （8）通过获得的等价置换矩阵 EPM 和等价替换矩阵 ESM，恢复任意密文图像的对应明文图像。

2.6　模拟测试

对于 ICS-IE 中所使用的模数和本章所提出的攻击算法，本书使用了不同内容的图像进行了多次模拟测试。这些模拟测试基于以下的软件和硬件环境：MATLAB R2015b (8.6.0.267246)、Intel Core i3-4170 CPU 3.70 GHz、4 GB 内存以及 32 位 Windows 7 Ultimate 操作系统。在这些模拟测试中，测试所使用的 ICS-II 控制参数和初始状态值分别为 $u = 0.98234567891234$ 和 $x_0 = 0.41234567891234$；公式（2.4）中使用的正弦映射控制参数和初始状态值分别为 $f_0 = 0.21234567891234$ 和 $u_s = 0.98123456789123$；公式（2.4）中使用的帐篷映射控制参数和初始状态值分别为 $h_0 = 0.41234567891234$ 和 $u_t = 0.97123456789123$；公式（2.4）中使用的随机值为 $p = 0.1916$。

2.6.1　不同模数下的加解密效果比较

如前文所述，ICS-IE 中使用的 mod F 将导致明文图像的最大像素值点在解密图像中变为零值黑点，从而使明文图像无法正常恢复。使用 mod $(F+1)$ 可以无损地恢复明文图像，但是与 mod 256 相比，仍然存在密文图像像素值范围更小以及暴露明文图像信息的问题。为此，本书分别使用模数 F、$F+1$ 以及 256 对大小为 512×512 的像素值全为 50 的灰度图像以及大小为 512×512 的灰度图像 Airfield 进行了测试。具体的测试结果如表 2.2 所示。

表 2.2　不同模数下的加密和解密效果的比较

描述	明文图像	密文图像	解密图像
使用 mod F 加密和解密大小为 512×512 的像素值全为 50 的灰度图像			
使用 mod $(F+1)$ 加密和解密大小为 512×512 的像素值全为 50 的灰度图像			

描述	明文图像	密文图像	解密图像
使用 mod 256 加密和解密大小为 512×512 的像素值全为 50 的灰度图像			
使用 mod F 加密和解密大小为 512×512 的灰度图像 Airfield			
使用 mod $(F+1)$ 加密和解密大小为 512×512 的灰度图像 Airfield			
使用 mod 256 加密和解密大小为 512×512 的灰度图像 Airfield			

通过表 2.2 中的测试结果可以看出，使用 mod F 加密和解密大小为 512×512 的像素值全为 50 的灰度图像，解密后获得的图像会丢失所有的明文图像信息。而当明文图像中存在许多最大像素值点时，例如大小为 512×512 的灰度图像 Airfield，解密获得的图像中将会出现许多明显的黑色斑点。与之相反，使用 mod $(F+1)$ 和 mod 256 都可以正确地解密密文图像。另外，从获得的密文图像来看，使用 mod F 和 mod $(F+1)$ 都限制了密文图像的像素值取值范围。当明文图像的最大像素值较小时，获得的密文图像明显较暗，而使用 mod 256 则不会。

2.6.2　选择明文攻击算法

为了验证本章提出的针对 ICS-IE 的选择明文攻击算法的可行性和有效性，本书分别用大小为 128×128 与 256×256 的灰度图像 Peppers、Teeth、

Pretty 和 Airfield 进行了模拟测试。具体的测试结果如表 2.3 所示。

表 2.3　选择明文攻击算法的测试结果

描述	明文图像	密文图像	恢复的图像	所花时间（秒）	
				攻击资源准备	攻击算法本身
大小为 128×128 的灰度图像 Peppers				9.0093	0.0759
大小为 128×128 的灰度图像 Teeth				0	0.0803
大小为 256×256 的灰度图像 Pretty				44.3423	0.4926
大小为 256×256 的灰度图像 Airfield				0	0.4613

　　通过上表中的测试结果可以看出，本章提出的攻击算法能在不知道任何秘密密钥相关信息的情况下，完全恢复了明文图像。此外，该攻击算法恢复明文图像所需的运行时间也很短。而且在 CPU 性能相对较低、内存空间相对较小的情况下，成功恢复大小为 256×256 的明文图像只需 44 s 左右的时间。事实上，在成功恢复一张明文图像后，利用攻击过程中获得的等价替换矩阵和等价置换矩阵，恢复后续的同等大小的明文图像，已经不再需要生成

和加密选择明文图像。也就是说,不再需要花费时间来准备攻击资源。此时,该算法恢复大小为 256×256 的明文图像所需的时间可以进一步缩短至 0.5 s 左右。综上所述,本章提出的攻击算法完全有效,并且具有极高的可行性。

2.7　对原始算法的进一步改进

基于 ICS-II,ICS-IE 具有结构简单、易于实现以及运行速度快等优点。对于注重加密效率并且没有特别高的安全性要求的应用环境,ICS-IE 拥有一定的实用性。但是,该算法的安全性还有提高的空间。因此,在本章所做分析和测试的基础上,未来可以对 ICS-IE 进行如下的安全性改进。

2.7.1　混沌序列的使用

混沌系统是混沌图像加密算法的重要基础。虽然混沌系统具有很多非常适合密码系统要求的优良特性,但在混沌序列的使用方面,仍然需要特别注意。混沌系统是可以产生不确定行为的确定性系统,避免由混沌系统的弱点和计算机表示的有限精度引起的问题非常重要。例如,舍弃状态值,合理地更新和扰乱混沌系统状态值,以及适当地转化混沌序列等[59, 77]。实际上,本书在实现 ICS-IE 时,已经对该算法做了舍弃状态值和适当离散化混沌序列的改进。今后在基于本章工作的基础上设计和开发新的混沌图像加密算法时,可以进一步实现合理更新和扰乱混沌系统状态值的改进。

2.7.2　加密过程的设计

纯置换的加密过程已经被证明是不安全的[104-107],许多设计不良的置换和扩散加密过程也已经被破解。随着高维混沌系统和具有超混沌特性的组合式混沌系统的引入,许多混沌图像加密算法被破解的原因往往在于不合理和有缺陷的设计,而不是混沌系统本身。因此,在加密过程的设计中,必须考虑以下的几个方面。

(1)首先,明文图像和加密过程必须密切相关,明文图像的变化能够导致等价密钥流或加密过程的变化。

(2)其次,秘密密钥的选择和设计应该是合理的,应该注意弱密钥和等价密钥的问题。另外，应该合理地定义秘密密钥，而不是通过随意构造秘密密钥来盲目追求大的密钥空间。

（3）最后，应该考虑使加密算法具有计算安全性，而不是具有理论安全性。正如在第 2.3.3 节中所做的分析，应该完全避免使用随机值的一次一密的加密过程设计[59, 77, 79]；另外，也应该严格遵循现代密码系统设计的基本要求，例如：扩散要求，即一个明文像素位的变化应该影响尽可能多的密文像素位。如果做到这一点，攻击者对密码系统实施攻击的难度或计算复杂性将大大提高。

2.7.3　抵御特定攻击的能力

由于混沌系统所具有的优势，比如初值敏感性、随机性、遍历性以及其他的固有特性，大多数基于混沌系统的加密算法都具有良好的统计特性[59, 78, 80]。在目前的混沌图像加密研究中，许多混沌加密算法的设计者都习惯于使用较多的篇幅来展示其所设计的算法的优良统计特性，而对于一些常见的具体攻击手段，却没有进行深入的分析和讨论。相关内容甚至是一笔带过。实际上，这也正是许多混沌图像加密算法被破解的原因。众所周知，选择明文攻击是最具威胁性的攻击手段之一，所以在设计混沌图像加密算法时，设计者至少应考虑一些常见的选择明文攻击手段，并深入地加以分析[55-58, 60-76, 80-84, 86, 90, 92, 94-95, 108-110, 141, 152-165]。例如，对于像素均为零值的明文图像、除了一个 1 值像素之外而其他像素均为零值的明文图像，以及单一像素值的明文图像。利用未知但保持不变的秘密密钥加密这些明文图像是否将揭示有利于攻击者的信息，以及是否会导致加密过程的退化和被简化是必须要考虑的问题。总而言之，需要从攻击者的角度分析和研究混沌图像加密算法的安全性，而不是简单地列举统计分析数据。事实上，已经有研究者指出统计分析数据只是加密算法具有安全性的必要而非充分条件[7]。

2.8　本章小结

本章对最新报道的 ICS-IE 进行了全面分析，指出了其中存在的一些问题：

（1）整数序列转换不当。即没有充分利用所产生的混沌系统状态值，并且也没有进行取整运算。

（2）行列置换可能不可逆。在构造行置换矩阵和列置换矩阵时，没有去除可能存在的重复值，导致置换矩阵可能不可逆。

（3）不具有实用性的随机值使用。在加密过程中使用随机值不仅违背了柯克霍夫原则，而且在用户数量庞大的应用环境下，密钥管理等问题也会导致这样的设计不具有实用性。

（4）替换过程中使用的模数不合理。使用输入图像的最大像素值作为模数而不是常见的 256，不仅会暴露明文信息，而且会使明文图像无法完全正确解密。

（5）未被满足的扩散要求。由于 ICS-IE 实际上并没有任何的扩散效果，导致四轮的替换和置换在数学意义上可以被简化为一轮的替换和置换。

（6）保持不变的密钥流。ICS-IE 的加密密钥流完全依赖于秘密密钥，造成该算法无法抵御选择明文攻击。

（7）不具有实用性的解密方式。用长度为 $4 \times M \times N + M + N$ 的解密密钥流来解密大小为 $M \times N$ 的密文图像，使得对大小为 $M \times N$ 的明文图像的保护变得没有意义。

对于其中的（1）、（2）、（3）、（4）和（7），本章提出了相应的改进建议，并在进行模拟测试时，实现了具体改进。随后，本章又对经过改进的 ICS-IE 进行了密码分析，并在所做密码分析的基础上，提出了具体的选择明文攻击算法。对于不同模数的加解密效果，以及所提出的攻击算法的可行性与有效性，本章都进行了相关模拟测试。测试结果和相关分析表明，本章对不同模数可能产生的影响的分析完全正确，并且所提出的攻击算法也能在相对较短的时间内完全恢复明文图像。最后，本章针对改进后的 ICS-IE 中仍然存在的安全缺陷，从三个方面提出了改进建议。

第 3 章

基于 DNA 编码和扰乱的超混沌
图像加密算法的安全性分析

3.1　引　言

随着混沌图像加密研究的深入，与 DNA 加密技术或其他技术相结合的混合式混沌图像加密算法已经成为当下的研究热点[10, 13, 17, 19-20, 22, 26-27, 29-34, 37-41, 46, 96, 100, 167, 192-206]。但是，有些研究人员在设计和开发这些混合式混沌图像加密算法时，却不太重视选择明文攻击条件下的安全性分析，使得他们设计的算法并不具有其所声称的安全性。考虑到这一状况，本章仔细研究了国际知名学术期刊《IEEE Photonics Journal》（影响因子 2.627）2018 年报道的基于 DNA 编码和扰乱的超混沌图像加密算法（DNA encoding and Scrambling based Hyperchaotic Image Encryption Scheme，DS-HIES）[17]。本章首先会指出该加密算法中存在的一些问题，并对其进行改进。接下来对该加密算法进行密码分析，并提出针对性的选择明文攻击算法。对于所提出的攻击算法，理论分析和测试结果表明，该攻击算法可以在不知道任何秘密密钥相关信息的情况下完全恢复明文图像。最后，提出进一步提高该加密算法安全性和实用性的建议。

3.2　原始算法及其存在的问题

本节仅简要介绍 DS-HIES。如需了解该加密算法的完整细节，请参阅[17]。在介绍该加密算法的过程中，作者将尽可能多地使用原始符号，但为了讨论方便，还是会对原论文中不合理的符号进行调整。例如，在原论文的公式（11）中，a_1 被两次用来指代混沌序列和由此混沌序列产生的整数序列。因此，为了便于区分，将该整数序列标记为 a_1'。DS-HIES 依靠 5D 超混沌系统[170]产生的混沌序列完成加密。在 DS-HIES 中，5D 超混沌系统会被使用两次，所用的初始值完全由秘密密钥决定，为了避免过渡效应而舍弃的状态值数量也是如此。具体而言，第一次超混沌系统会被用于产生混沌序列 k_1、k_2 和 k_3，这些混沌序列的长度均为 $M \times N$。第二次超混沌系统会被用来产生长度均为 $4 \times M \times N$ 的混沌序列 a_1、a_2、a_3 和 a_4。从密码学的角度来看，DS-HIES 实际上是由三个过程组成，即像素级置换、像素级替换以及像素级正向扩散。接下来会分别对其进行介绍。

3.2.1　像素级置换

在 DS-HIES 中，大小为 $M \times N$ 的明文图像 P 首先会被置换。也就是说，所有的明文图像像素 $P(i,j)$ 都会如下进行交换：

$$P'(i, j) = P(i, j'), \quad P(i', j') = P(i, j) \tag{3.1}$$

在公式（3.1）中，P' 为置换后的图像，$i = 1,2,\cdots,M$，$j = 1,2,\cdots,N$，i' 和 j' 是通过混沌序列 k_1 和 k_2 生成的整数序列。

$$\begin{cases} i' = i + \mathrm{mod}\Big((abs(k_1(i)) - floor(abs(k_1(i)))) \times 10^{15}, M - i\Big) \\ j' = j + \mathrm{mod}\Big((abs(k_2(j)) - floor(abs(k_2(j)))) \times 10^{15}, N - j\Big) \end{cases} \tag{3.2}$$

在公式（3.2）中，$i = 1,2,\cdots,M$，$j = 1,2,\cdots,N$，$abs(\cdot)$ 返回操作数的绝对值，$floor(\cdot)$ 返回小于或等于操作数的最大整数。

3.2.2　像素级替换

DS-HIES 会对置换后的图像进行非常复杂的像素级替换操作。像素级替换操作分为三部分，分别是像素内循环移位、DNA 异或以及 DNA 替代。接下来，分别介绍这三个部分。

首先是像素内循环移位。经过置换的图像 P' 会被拉伸成一维序列，然后转换成二进制序列。另外，混沌序列 k_3 会被转换为整数序列 k_3'。

$$k_3'(r) = \mathrm{mod}\Big((abs(k_3(r)) - floor(abs(k_3(r)))) \times 10^{15}, 8\Big) \tag{3.3}$$

该整数序列随后也会同样地转换为二进制序列。在公式（3.3）中，$r = 1,2,\cdots,M \times N$。接下来，如下计算扰乱后的序列 C：

$$C(r) = circshift[P'(r), LSB(k_3'(r)), k_3'(r)] \tag{3.4}$$

在公式（3.4）中，$r = 1,2,\cdots,M \times N$。$circshift(\cdot,\cdot,\cdot)$ 用于对第一个二进制序列操作数进行循环移位，循环移位方向由第二个操作数决定，循环移位的位数由第三个操作数决定。$LSB(\cdot)$ 返回二进制序列操作数的最低位。

其次是 DNA 异或。一开始，混沌序列 a_3 会被转换为整数序列 a'_3。

$$a'_3(r) = \text{mod}\Big((abs(a_3(r)) - floor(abs(a_3(r)))) \times 10^{15}, 256\Big) \qquad （3.5）$$

在公式（3.5）中，$r = 1,2,\cdots,4 \times M \times N$。随后会对 C 和 a'_3 进行 DNA 编码，也就是说，它们的每两个二进制位会被编码为一个碱基（Base），这样就得到了 DNA 序列 c 和 d。具体的编码规则为 00（1）、01（2）、10（3）、11（4），分别编码为碱基 A、C、G、T。DNA 序列 c 和 d 会被 DNA 异或，以便获得 DNA 序列 F。

$$F(i) = c'(i) \oplus d'(i) \qquad （3.6）$$

在公式（3.6）中，$i = 1,2,\cdots,4 \times M \times N$。

最后一个是 DNA 替代，即 DNA 序列 F 会被 DNA 替代以获得 DNA 序列 F'。首先，混沌序列 a_1 和 a_2 会被转换为整数序列 a'_1 和 a'_2。

$$a'_1(i) = \text{mod}\Big((abs(a_1(i)) - floor(abs(a_1(i)))) \times 10^{15}, 6\Big) + 1 \qquad （3.7）$$

$$a'_2(i) = \text{mod}\Big((abs(a_2(i)) - floor(abs(a_2(i)))) \times 10^{15}, 4\Big) \qquad （3.8）$$

在公式（3.7）和公式（3.8）中，$i = 1,2,\cdots,4 \times M \times N$。DNA 替代的碱基配对互补规则（Complementary rule of base pairing）由 a'_1 决定，DNA 替代的具体方式由 a'_2 决定。

$$F'(i) = E^{a'_2(i)}(F(i)) = \begin{cases} F(i), & \text{if } a'_2(i) = 0 \\ E(F(i)), & \text{if } a'_2(i) = 1 \\ E(E(F(i))), & \text{if } a'_2(i) = 2 \\ E(E(E(F(i)))), & \text{if } a'_2(i) = 3 \end{cases} \qquad （3.9）$$

在公式（3.9）中，$i = 1,2,\cdots,4 \times M \times N$。$E(\bullet)$ 返回操作数的配对互补碱基。最后，F' 会被解码为二进制序列 G，后者又会被转换成十进制序列 H。

3.2.3 像素级正向扩散

首先，混沌序列 a_4 会被转换为整数序列 a'_4。

$$a_4'(i) = \mathrm{mod}\Big((abs(a_4(i)) - floor(abs(a_4(i)))) \times 10^{15}, 256\Big) \qquad （3.10）$$

在公式（3.10）中，$i = 1,2,\cdots,4 \times M \times N$。接下来会对 H 进行正向扩散以获得明文图像 R。

$$R(1) = a_4'(1) \oplus \mathrm{mod}(a_4'(1) + H(1), 256) \oplus \mathrm{mod}\left(\sum_{j=1}^{6} x_j^0 \times 10^{15}, 256\right) \qquad （3.11）$$

$$R(r) = a_4'(r) \oplus \mathrm{mod}(a_4'(r) + H(r), 256) \oplus R(r-1) \qquad （3.12）$$

在公式（3.12）中，$r = 2,\cdots,M \times N$。$x_j^0 (j = 1,2,\cdots,6)$是秘密钥匙。由于 DS-HIES 的解密过程是加密过程的逆过程，在此不再重复。

3.2.4　存在的问题

本节会指出在 DS-HIES 中发现的一些可行性、实用性和安全性问题。此外，为了不改变 DS-HIES 的结构和密码学特征，本节仅对可行性问题做必要改进。有关进一步提高 DS-HIES 安全性和实用性的建议，会在第 3.5 节给出。因为原始论文只描述了 256 级灰度图像的加密，所以本节仅讨论 256 级灰度图像。

（1）问题 1：原始论文中提供的 5D 超混沌系统相位图不太清晰，超混沌系统的特征并没有被很好地展现。因此，本节重新绘制了该 5D 超混沌系统的相位图，如图 3.1 所示。

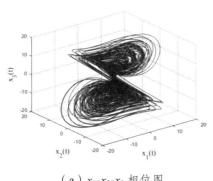
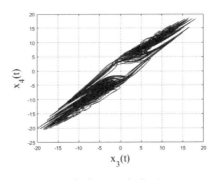

（a）x_1-x_2-x_3 相位图　　　　　　（b）x_3-x_4 相位图

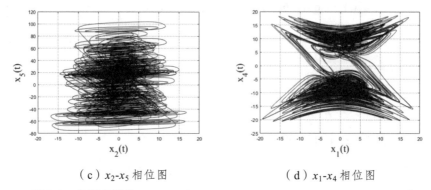

（c）x_2-x_5 相位图 　　　　　　　（d）x_1-x_4 相位图

图 3.1　控制参数为 $a=30$、$b=10$、$c=15.7$、$d=5$、$e=2.5$、$f=4.45$ 和
$g=38.5$ 的五维超混沌系统的相位图

（2）问题 2：转换后的混沌序列不是整数序列。将双精度浮点数转换为整数时，DS-HIES 总是采用以下的形式：

$$v' = \mathrm{mod}\big((abs(v) - floor(abs(v))) \times 10^{15}, w\big) \tag{3.13}$$

在公式（3.13）中，v 是需要转换的双精度浮点数，w 是用作模运算模数的整数，v' 是转换后得到的整数。由于双精度浮点数的计算机表示实际上是 IEEE 754 标准的二进制浮点数表示[191]，因此得到的 v' 仍然是带有小数部分的浮点数，而不是整数。因此，在 Matlab 平台上实现 DS-HIES 时，对公式（3.13）进行了改进：

$$v' = \mathrm{mod}\big(floor((abs(v) - floor(abs(v))) \times 10^{15}), w\big) \tag{3.14}$$

（3）问题 3：公式（3.2）中的 i' 和 j' 的计算方式不合理。首先，问题 2 中指出的问题在公式（3.2）中也存在，在此不再重复。也就是说，本书假设公式（3.2）已经根据公式（3.14）进行了调整。由于 i' 和 j' 的计算方法类似，在此仅讨论 i' 的计算方法。根据公式（3.2）和公式（3.14），当 $i=M$ 时，DS-HIES 会如下计算 i'：

$$i' = M + \mathrm{mod}\big(floor((abs(k_1(M) - floor(abs(k_1(M)))) \times 10^{15}), 0\big) \tag{3.15}$$

因此，得到的结果并不符合预期。

$$i' = M + floor((abs(k_1(M) - floor(abs(k_1(M)))) \times 10^{15}) \qquad (3.16)$$

当 $i \neq M$ 时，模运算的结果为取值范围为 $[0, M-i-1]$ 的整数，因此 i' 的取值范围为 $[i, M-1]$。显然，如果 i' 的取值范围是 $[i, M]$，将会更为合理。因此，在实现 DS-HIES 时，对公式（3.2）进行了改进：

$$\begin{cases} i' = i + \mathrm{mod}\Big(floor((abs(k_1(i) - floor(abs(k_1(i)))) \times 10^{15}), M - i + 1\Big) \\ j' = j + \mathrm{mod}\Big(floor((abs(k_2(j) - floor(abs(k_2(j)))) \times 10^{15}), N - j + 1\Big) \end{cases} \qquad (3.17)$$

（4）问题 4：DS-HIES 对混沌序列的使用不合理。显然，5D 超混沌系统在迭代时，会产生 5 个混沌序列。而对于 5D 超混沌系统第一次迭代产生的长度均为 $M \times N$ 的 5 个混沌序列，DS-HIES 仅使用了其中的 3 个，即 k_1、k_2 和 k_3。类似地，对于 5D 超混沌系统第二次迭代产生的长度均为 $4 \times M \times N$ 的 5 个混沌序列，DS-HIES 仅使用了其中的 4 个，即 a_1、a_2、a_3 和 a_4。不仅如此，混沌序列 k_1、k_2、k_3、a_1、a_2、a_3 和 a_4 的使用效率也很低。根据公式（3.2），长度为 $M \times N$ 的 k_1 和 k_2 仅有 $M+N$ 个值会被使用，即 $k_1(1)$ 到 $k_1(M)$ 以及 $k_2(1)$ 到 $k_2(N)$。在公式（3.7）中，长度为 $4 \times M \times N$、有效精度为 15 位小数的混沌序列 a_1 被用来生成长度为 $4 \times M \times N$ 的整数序列 a_1'，而 a_1' 的取值范围仅为 $[1,6]$。也就是说，每一个有效精度为 15 位小数的浮点数仅被用来生成一个取值范围为 $[1,6]$ 的整数，因此混沌序列 a_1 的使用效率很低。相对而言，在公式（3.8）中，混沌序列 a_2 的使用效率则更低，因为 a_2 仅被用于生成取值范围为 $[0,3]$ 的整数序列 a_2'。

（5）问题 5：密钥流独立于明文图像，并且完全依赖于秘密密钥。具体而言，DS-HIES 在加密过程中使用的密钥流是从混沌序列转换而来。然而，超混沌系统的控制参数是固定的，而初始值和舍弃的状态值数量则完全依赖于秘密密钥。因此，DS-HIES 所使用的密钥流完全依赖于秘密密钥，并且与明文图像完全无关。这样一来，在加密不同明文图像时，如果秘密密钥保持不变，那么 DS-HIES 在加密过程中使用的密钥流将不会发生变化。而在选择明文攻击条件下，虽然秘密密钥是未知的，但攻击者可以使用该保持不变的秘密密钥来加密选择明文图像，所以这种设计无法抵御选择明文攻击[88-89, 104-107]。

（6）问题 6：DS-HIES 的像素级替换过程太过复杂，计算量太大，从而导致加密效率相对较慢。从第 3.2.2 节可以看出，DS-HIES 的替换过程对输入像素进行了 3 次替换，即像素内循环移位、DNA 异或以及 DNA 替代。然而在数学意义上，进行 3 次替换的加密效果与进行 1 次替换完全相同。也就是说，无论 DS-HIES 的替换过程有多复杂，都只是将一个像素值替换成另一个值。事实上，本书提出的攻击算法只需 256 张选择明文图像就可以完全确定等价替换矩阵，并且只需最多 $256 \times (M \times N)$ 次查找就可以完全消除加密过程的替换效果，这一点会在第 3.3.1 节中详细说明。

（7）问题 7：DS-HIES 的扩散过程设计不合理。对于 Shannon 提出的现代密码系统必须满足的扩散和混淆要求[59, 77]，DS-HIES 并没有使混淆要求得到很好地满足。具体而言，DS-HIES 在置换过程和替换过程之后，仅对中间密文图像像素进行了一次正向扩散。因此，该加密算法的明文敏感性很低，这一点会在第 3.4.1 节展现相关的测试结果，并进行分析。不仅如此，DS-HIES 仅有的正向扩散实际上也可以通过简单的计算来消除。在加密过程完成后，毫无疑问，公式（3.12）中的所有 $R(r)$ 都可以直接从密文图像 R 中获得。因此，攻击者可以进行简单的计算：

$$R'(r) = R(r) \oplus R(r-1) \tag{3.18}$$

在公式（3.18）中，$r = M \times N, \cdots, 2$。将公式（3.12）代入公式（3.18），可以得到：

$$R'(r) = a'_4(r) \oplus \mathrm{mod}(a'_4(r) + H(r), 256) \tag{3.19}$$

从公式（3.19）可以看出，通过公式（3.18）中的简单异或计算，攻击者就可以得到没有任何扩散效果的 $R'(r)$，其中 $r = M \times N, \cdots, 2$。另外，根据公式（3.11），不难看出，第一个密文图像像素完全由秘密密钥和经过替换后的图像的第一个像素 $H(1)$ 决定，不需要消除正向扩散效应。因此，攻击者可以得到完全没有任何扩散效果的密文图像序列 $R'(r)$。

3.2.5 主要的安全问题和核心攻击原则

在开始具体的密码分析之前，在此先对 DS-HIES 存在的主要安全问题以及攻击算法的核心攻击原则进行说明。DS-HIES 的主要安全问题有两个：一个是加密过程中使用的密钥流独立于明文图像；另一个是仅有的正向扩散可以通过简单的计算消除。因此，这里的核心攻击原则是：首先通过简单的计算消除 DS-HIES 的扩散过程所产生的影响，然后通过选择明文攻击获得等价替换矩阵和等价置换矩阵。这样一来，就可以在不知道任何秘密密钥相关信息的情况下完全恢复明文图像。

此外，虽然 DS-HIES 采用了基于混沌序列的 DNA 编码、DNA 异或和 DNA 替代，但从密码学意义上而言，DNA 编码、DNA 异或和 DNA 替代的最终效果只是一个较为复杂的像素值替换过程。简单地说，就是根据混沌序列来替换像素值。但是 DS-HIES 所采用的混沌序列完全依赖于秘密密钥，而秘密密钥在选择明文攻击下虽然是未知的，但也是保持不变的。所以，攻击者完全可以通过选择明文攻击来获得等价替换矩阵，从而完全消除 DNA 编码、DNA 异或和 DNA 替代所产生的替换效果。

3.3　密码分析和攻击算法

本节首先会对 DS-HIES 进行密码分析，然后在所做密码分析的基础上，提出具体的选择明文攻击算法。

3.3.1　密码分析

根据公式（3.18）和公式（3.19），无需任何先决条件就可以将 DS-HIES 简化为只有像素级置换和像素级替换的加密算法。此外，对于大小为 $M \times N$ 的密文图像，这一简化只需要执行 $M \times N$-1 次异或运算，因此在计算上也是可行的。鉴于此，为简单起见，这里仅讨论已消除扩散效果的简化版 DS-HIES。换言之，对于获得的任何 DS-HIES 密文图像，首先根据公式（3.18）和公式（3.19）消除扩散效果。

由于简化版的 DS-HIES 仅对明文图像进行置换和替换操作，不妨考虑先通过单一像素值的选择明文图像来消除置换效果。为简单起见，假设需要攻击的密文图像的大小为 2×3，即 $M = 2$、$N = 3$。首先选择大小为 2×3 的全部由零值像素构成的特殊明文图像 P_0：

$$P_0 = \begin{bmatrix} 0 & 0 & 0 \\ 0 & 0 & 0 \end{bmatrix} \tag{3.20}$$

因为 P_0 的所有像素值都是相同的，所以它不会受公式（3.1）或置换过程的影响。而在选择明文攻击条件下，虽然秘密密钥是未知的，但攻击者可以使用保持不变的秘密密钥，即可以加密明文图像 P_0，从而获得相应的一维密文图像序列 C_0。

$$C_0 = \begin{bmatrix} c_{0,1}, c_{0,2}, c_{0,3}, c_{0,4}, c_{0,5}, c_{0,6} \end{bmatrix} \tag{3.21}$$

这样一来，就可以通过单一像素值的选择明文图像的加密结果来获得等价替换矩阵。根据第 3.2.4 节中指出的问题 5 可以看出，DS-HIES 的替换过程完全依赖于秘密密钥，与明文图像无关。因此，在秘密密钥保持不变的情况下，即在选择明文攻击条件下，$c_{0,1}$ 是经过置换的图像 P' 的第 1 个像素 $P'(1,1)$ 为 0 时的替换结果；$c_{0,2}$ 是经过置换的图像 P' 的第 2 个像素 $P'(1,2)$ 为 0 时的替换结果；$c_{0,3}$ 是经过置换的图像 P' 的第 3 个像素 $P'(1,3)$ 为 0 时的替换结果；$c_{0,4}$ 是经过置换的图像 P' 的第 4 个像素 $P'(2,1)$ 为 0 时的替换结果；$c_{0,5}$ 是经过置换的图像 P' 的第 5 个像素 $P'(2,2)$ 为 0 时的替换结果；$c_{0,6}$ 是经过置换的图像 P' 的第 6 个像素 $P'(2,3)$ 为 0 时的替换结果。

接下来选择大小为 2×3 的全部由像素值为1的像素构成的明文图像 P_1：

$$P_1 = \begin{bmatrix} 1 & 1 & 1 \\ 1 & 1 & 1 \end{bmatrix} \tag{3.22}$$

重复上述过程，可以得到

$$C_1 = \begin{bmatrix} c_{1,1}, c_{1,2}, c_{1,3}, c_{1,4}, c_{1,5}, c_{1,6} \end{bmatrix} \tag{3.23}$$

类似地，$c_{1,1}$ 是经过置换的图像 P' 的第 1 个像素 $P'(1,1)$ 为 1 时的替换结果；$c_{1,2}$ 是经过置换的图像 P' 的第 2 个像素 $P'(1,2)$ 为 1 时的替换结果；$c_{1,3}$ 是经过置换的图像 P' 的第 3 个像素 $P'(1,3)$ 为 1 时的替换结果；$c_{1,4}$ 是经过置换的图像 P' 的第 4 个像素 $P'(2,1)$ 为 1 时的替换结果；$c_{1,5}$ 是经过置换的图像 P' 的第 5 个像素 $P'(2,2)$ 为 1 时的替换结果；$c_{1,6}$ 是经过置换的图像 P' 的第 6 个像素 $P'(2,3)$ 为 1 时的替换结果。依次类推，通过对 $P_i(i = 0, \cdots, 255)$ 进行加密，可以得到置换后的图像 P' 的所有像素为 i 时的替换结果 C_i：

$$P_i = \begin{bmatrix} i & i & i \\ i & i & i \end{bmatrix} \tag{3.24}$$

$$C_i = \begin{bmatrix} c_{i,1}, c_{i,2}, c_{i,3}, c_{i,4}, c_{i,5}, c_{i,6} \end{bmatrix} \tag{3.25}$$

因此，可以通过 $C_0, C_1, C_2, \cdots, C_{255}$ 构造等价替换矩阵 ESM。

$$ESM = \begin{bmatrix} c_{0,1} & c_{0,2} & c_{0,3} & c_{0,4} & c_{0,5} & c_{0,6} \\ c_{1,1} & c_{1,2} & c_{1,3} & c_{1,4} & c_{1,5} & c_{1,6} \\ \cdots & \cdots & \cdots & \cdots & \cdots & \cdots \\ c_{255,1} & c_{255,2} & c_{255,3} & c_{255,4} & c_{255,5} & c_{255,6} \end{bmatrix} \tag{3.26}$$

这样一来，如果秘密密钥保持不变，对于任意大小为 2×3 的 DS-HIES 密文图像 C'，都可以通过在 ESM 的第 1 列中查找 $C'(1,1)$ 来确定 $P'(1,1)$ 的值。如果 $C'(1,1) = c_{113,1}$，那么 $P'(1,1) = 113$。同样地，可以通过在 ESM 的第 2 列中查找 $C'(1,2)$ 来确定 $P'(1,2)$ 的值；通过在 ESM 的第 3 列中查找 $C'(1,3)$ 的值；通过在 ESM 的第 4 列中查找 $C'(2,1)$ 来确定 $P'(2,1)$ 的值；通过在 ESM 的第 5 列中查找 $C'(2,2)$ 来确定 $P'(2,2)$ 的值；通过在 ESM 的第 6 列中查找 $C'(2,3)$ 来确定 $P'(2,3)$ 的值。而在选择明文攻击条件下，秘密密钥正好是保持不变的。所以，攻击者通过上述方法可以获得大小为 2×3 的置换后图像 P'。

类似地，上述方法也可以应用于大小为 $M \times N$ 的 DS-HIES 密文图像 C。即，通过加密 256 张大小为 $M \times N$ 的由单一值像素构成的选择明文图像 P_i（$i = 0, \cdots, 255$），同样也可以获得大小为 $256 \times (M \times N)$ 的二维等价替换矩阵 ESM。因此，对于任意的大小为 $M \times N$ 的 DS-HIES 密文图像 C，都可以通过在二维等价替换矩阵 ESM 中进行最多 $256 \times (M \times N)$ 次查找来确定其对应的大小为 $M \times N$ 的置换后图像 P'。到目前为止，DS-HIES 已经被进一步简化为纯置换的加密算法。

接下来，可以通过加密选择明文图像来获得等价置换矩阵 EPM，从而将经过置换的图像 P' 完全恢复为明文图像 P。首先，将大小为 $M \times N$ 的全部由零值像素构成的明文图像 P_0 的密文图像 C_0 作为基准密码图像。接下来，将 P_0 的前 255 个像素替换为 $1, 2, \cdots, 255$，形成选择明文图像 CPI_1。将

CPI_1加密，并将得到的密文图像$CCPI_1$和C_0进行比较。因为简化版 DS-HIES 没有任何扩散效果，所以在$CCPI_1$中，密文图像像素值发生变化的位置就是选择明文图像CPI_1的前 255 个像素的对应位置。最后，对于密文图像像素值发生变化的每个位置，在等价替换矩阵ESM中查找变化后的密文图像像素值，从而确定对应的选择明文图像像素值。这样一来，就可以一次确定明文图像P中的前 255 个像素在置换后的图像P'中的对应位置。依次类推，也可以用同样的方式确定明文图像P中其他像素在置换后图像中的对应位置。一般而言，最多需要构造$floor(M \times N/255)+2$张选择明文图像就可以完全确定 DS-HIES 的等价置换矩阵EPM了。

3.3.2 选择明文攻击算法

第 3.3.1 节对 DS-HIES 进行了加密分析，发现对于任意的大小为$M \times N$的密文图像C，通过$M \times N-1$次异或运算即可完全消除该加密算法的正向扩散效果。此外，通过 256 张选择明文图像，可以确定大小为$256 \times (M \times N)$的二维等价替换矩阵ESM；通过最多$floor(M \times N/255)+2$张选择明文图像，可以确定 DS-HIES 的等效置换矩阵EPM。接下来，给出攻击算法的主要框架。该攻击算法的流程图如图 3.2 所示。

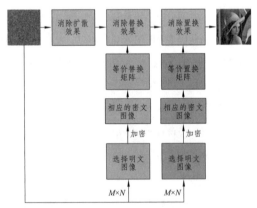

图 3.2 针对 DS-HIES 的选择明文攻击算法的流程图

首先，给出一个需要在攻击算法中调用的简单算法，如表 3.1 所示，该算法用于消除正向扩散效果。

表 3.1　正向扩散效果消除算法

算法 3.1　正向扩散效果消除算法 *DS_HIES_Elimination*
输入
需要攻击的密文图像的一维密文序列 *CI*1D。
输出
没有正向扩散效果的密文图像一维序列 *NCI*1D。
步骤
1:　　　　　　for $r = M*N$:-1:2
2:　　　　　　　　$NCI1D(r) = bitxor(CI1D(r),CI1D(r\text{-}1))$;
3:　　　　　　end

　　算法 3.1 非常简单，即根据公式（3.18）从 $M \times N$ 循环到 2，并通过异或运算计算出没有正向扩散效果的一维密文序列。不难看出，该算法的时间复杂性为 $O(M \times N)$。

　　接下来，在表 3.2 中给出针对 DS-HIES 的选择明文攻击算法的主要步骤。在算法 3.2 中，目标密文图像 TCI 的高度 M 和宽度 N 首先会被确定，随后 TCI 会被拉伸成一维向量 TCI1D，并消除正向扩散效果。接下来，通过从 0 到 255 的 for 循环，得到 DS-HIES 的等价替换矩阵 ESM。具体而言，在 for 循环的每次迭代中，该算法都会生成一张由单一像素值像素构成的选择明文图像，然后加密该图像，将获得的密文图像拉伸成一维向量，消除正向扩散效果，并将得到的每个特定像素值的替换结果添加至等价替换矩阵 ESM。在获得 ESM 后，该算法会分别在 ESM 的 1 到 $M \times N$ 列中查找 TCI1D 的每个密文图像像素值，从而获得一维的置换后图像 PPI1D。在最坏的情况下，所需的查找次数为 $256 \times (M \times N)$，时间复杂性为 $O(M \times N)$。

　　接下来，根据第 3.3.1 节中的密码分析，攻击算法会首先计算出获得等价置换矩阵 EPM 所需的选择明文图像的数量 CPINum，然后构建包含所有选定明文图像的三维矩阵 CPIM。同样地，该算法会加密三维矩阵 CPIM 中的每一张明文图像，将获得的密文图像拉伸成一维向量，并消除正向扩散效果。接着，全部由零值像素构成的明文图像的处理结果会被用作一维基准密文序列 BCI1D，而第 2 张选择明文图像到第 CPINum 张选择明文图像的处理结果则会被用作一维对比密文序列 BCI1D。然后该算法会将所有的对比密文序列保存到原始密文向量矩阵 OCVM 中，并将每对 CCI1D 与

$BCI1D$ 的差值保存到变化值矩阵 CVM 中。每个明文图像像素在置换后的图像中的对应位置会根据 CVM 和 $OCVM$ 分别确定，从而构建出等价置换矩阵 EPM。最后，攻击算法会通过 EPM 和一维的置换后图像序列 $PPI1D$ 完全恢复二维明文图像。因为在构建等价置换矩阵的过程中，最多需要执行$(floor(M \times N/255)+1) \times (M \times N)$次比较操作，因此这里提出的攻击算法的时间复杂性为 $O((M \times N)^2)$。

表 3.2　针对 DS-HIES 的攻击算法

算法 3.2　针对 DS-HIES 的选择明文攻击算法
输入
需要攻击的目标密文图像 TCI。
输出
恢复的明文图像 $RecoveredPlainImage$。
步骤
1:　　 $[M,N] = size(TCI)$;
2:　　 $TCI1D = reshape(TCI',1,M*N)$;
3:　　 $TCI1D = DS\_HIES\_Elimination(TCI1D)$;
4:　　 for $PxVal = 0:255$
5:　　　　 生成像素值为 $PxVal$ 的由单一像素值像素构成的选择明文图像 CPI。
6:　　　　 构建等价替换矩阵 ESM。
7:　　 end
8:　　 根据等价替换矩阵 ESM 获取一维的置换后图像序列 $PPI1D$。
9:　　 计算出获取等价置换矩阵所需的选择明文图像的数量 $CPINum$。
10:　　 生成包含所有选择明文图像的三维矩阵 $CPIM$。
11:　　 for $i = 1:CPINum$
12:　　　　 $CIM(:,:,i) = DS\_HIES\_Encryption(CPIM(:,:,i))$;
13:　　 end
14:　　 $BCI1D = reshape(CIM(:,:,1)',1,M*N)$;
16:　　 $BCI1D = DS\_HIES\_Elimination(BCI1D)$;
17:　　 for $j = 2:CPINum$
18:　　　　 将所有用于比较的密文序列保存到原始密文向量矩阵 $OCVM$ 中。
19:　　　　 将每对 $CCI1D$ 与 $BCI1D$ 的差值保存到变化值矩阵 CVM 中。
20:　　 end
21:　　 for $k = 2:CPINum$
22:　　　　 构建等价置换矩阵 EPM。
23:　　 end
24:　　 for $l = 1:M*N$
25:　　　　 $RPI1D(l) = PPI1D(EPM(l))$;
26:　　 end
27:　　 $RecoveredPlainImage = (reshape(RPI1D,M,N))'$;

3.4　模拟测试结果

本节会展示相关模拟测试结果，并对这些模拟测试结果进行分析。这些模拟测试的测试对象为不同内容的灰度图像。此外，这些模式测试是在以下的软件和硬件环境下进行的：

（1）CPU：Intel(R) Pentium(R) CPU G3260 @ 3.30GHz；

（2）内存：8GB RAM；

（3）操作系统：64 位 Windows 7 旗舰版；

（4）测试软件：MATLAB R2017a (9.2.0.538062)。

而且，这些模拟测试使用的五维超混沌系统控制参数、秘密密钥与原始论文完全一致。即控制参数为 $a = 30$、$b = 10$、$c = 15.7$、$d = 5$、$e = 2.5$、$f = 4.45$ 和 $g = 38.5$；秘密密钥为 $x_1^0 = 1.2356$、$x_2^0 = 2.8905$、$x_3^0 = 0.89648$、$x_4^0 = 3.45797$、$x_5^0 = 0.45723$ 和 $x_6^0 = 3.2579$。

3.4.1　明文敏感性

正如在第 3.2.4 节中提到的，经过像素级置换和像素级替换后，DS-HIES 仅对中间密文图像像素进行了一次正向扩散，所以该加密算法的明文敏感性会很低。接下来，会结合相关模拟测试结果说明这一点。此处用于测试的明文图像是大小为 256×256 的灰度图像 Lena。具体的测试过程如下：

（1）加密原始明文图像，即大小为 256×256 的灰度图像 Lena，获得对应的密文图像。

（2）每次选择一个明文图像像素，将该像素的值加 100 并模 256，其他像素的值保持不变，这样就得到了一张与原始明文图像相比，只有一个明文像素发生了变化的明文图像。一共生成 4 张这样的明文图像，然后分别加密这 4 张有一个像素发生了改变的明文图像，得到对应的密文图像。

（3）计算每一张发生变化的密文图像与原始密文图像之间的差值，形成差值图像。

具体的模拟测试结果如表 3.3 所示。从表 3.3 的测试结果可以看出，

DS-HIES 的替换效果非常好，但置换效果不佳，这是因为 DS-HIES 或公式（3.2）中的置换设计存在局限性。DS-HIES 中采用的整行、整列的正向交换不可能达到良好的置乱效果。虽然公式（3.17）对公式（3.2）进行了改进，但提出的改进只是为了确保 DS-HIES 能正常工作。对于置换效果不佳的改进建议，会在第 3.5 节中提出。

表 3.3　发生变化的密文图像和原始密文图像之间的差值图像

有变化像素的位置	置换后的位置	密文图像	差值图像
(57,24)	(1,1)		
(64,255)	(64,256)		
(128,255)	(128,256)		
(192,255)	(192,256)		

　　而对于加密过程的明文敏感性，由于 DS-HIES 仅采用了一次简单的前向扩散，当明文图像中的某个像素改变时，受改变影响的范围取决于像素置换之后该有变化的像素所处的位置。如表 3.3 所示，当有变化的像素置换后的位置为（1,1）时，这一变化可以影响所有后续的像素，即 $256 \times 256 - 1 = 65\,535$ 个像素；当有变化的像素置换后的位置为（192,256）时，这一变化同样可以影响所有后续的像素，但因为所处位置较为靠后，实际能够影响的像素数量只有 $256 \times 256 - 192 \times 256 = 16\,384$ 个。极端情况下，

当有变化的像素置换后的位置为（256,256）时，不会有任何其他密文像素受到影响。

3.4.2　攻击算法的有效性与可行性

本节展示的模拟测试结果和进行的相关分析针对的是本书所提出的攻击算法的有效性和可行性。这些模拟测试中使用的密文图像的大小分别为 128×128 和 256×256。另外，这些密文图像是通过对大小分别为 128×128 和 256×256 的灰度图像 Lena、pepper 和 Baboon 进行加密获得的。

在测试过程中，首先攻击的是大小为 128×128 的灰度图像 Lena 的密码图像。具体而言，首先消除密文图像的扩散效果，然后通过选择明文图像得到等价替换矩阵和等价置换矩阵，最后通过得到的等价替换矩阵和等价置换矩阵恢复明文图像。

接下来，因为已经获得了 DS-HIES 加密大小为 128×128 的明文图像所使用的密钥流对应的等价替换矩阵和等价置换矩阵，所以攻击其他的大小为 128×128 的密文图像不再需要构建等价替换矩阵和等价置换矩阵。也就是说，攻击大小为 128×128 的 Peppers 和 Baboon 密文图像时，只需消除密文图像的扩散效果，然后直接根据已有的等价替换矩阵和等价置换矩阵恢复明文图像即可。从表 3.2 也可以看出，本书所提出的攻击算法成功实施一次攻击之后，攻击后续同样大小的密文图像所需的时间变得极短。

针对大小为 256×256 的密文图像的攻击过程与上述过程类似，在此不再重复。具体的模拟测试结果如表 3.4 所示。

表 3.4　针对 DS-HIES 的攻击算法的具体测试结果

明文图像	大小	密文图像	所花时间（秒）				恢复的明文图像
			消除扩散效果	获取替换矩阵	获取置换矩阵	恢复明文图像	
	128×128		0.0212	105.0482	27.1749	0.0713	
	128×128		0.0216	0	0	0.0731	

续表

明文图像	大小	密文图像	所花时间（秒）				恢复的明文图像
			消除扩散效果	获取替换矩阵	获取置换矩阵	恢复明文图像	
	128×128		0.0221	0	0	0.0739	
	256×256		0.0863	381.4362	358.6542	0.3795	
	256×256		0.0861	0	0	0.3886	
	256×256		0.0867	0	0	0.3665	

从表 3.4 中的具体测试结果可以看出，本书所提出的选择明文攻击算法可以在相对较短的时间内完全恢复明文图像。而且，攻击后续密文图像所需的时间极短。此外，对于不同大小的密文图像，消除扩散效果、获得等价替换矩阵以及获得等价置换矩阵所需时长之间的关系，与第 3.3.2 节中的时间复杂性分析一致。根据第 3.3.2 节中所做的分析，消除扩散效果、获得等价替换矩阵以及获得等价置换矩阵的时间复杂性分别为 $O(M \times N)$、$O(M \times N)$ 和 $O((M \times N)^2)$。那么，对于大小为 256×256 的密文图像，这三个攻击过程所需时长应为攻击大小为 128×128 的密文图像所需时长的 4 倍、4 倍和 16 倍。而实际的测试结果为 4.07 倍、3.63 倍和 15.56 倍，基本与其吻合。

总之，具体的模拟测试结果表明，本书所提出的攻击算法是可行的，也是有效的，即可以在不知道任何秘密密钥相关信息的情况下能完全恢复明文图像。

3.5　进一步的改进

从上文的分析和模拟测试中可以看出，DS-HIE 拥有较强的替换部分，但置换部分和扩散部分则相对较弱。此外，DS-HIES 的另一个主要弱点是整个加密过程与明文图像无关，即密钥流在加密不同的明文图像时保持不变，因此 DS-HIES 无法抵御选择明文攻击。接下来，本节提出了一些旨在进一步提高 DS-HIES 安全性和可行性的建议。

3.5.1　混沌系统初始值的生成

在生成五维超混沌系统的初始值时，DS-HIES 只使用了秘密密钥。实际上，可以考虑在此过程中引入与明文图像相关的值，比如明文图像散列值或明文图像统计值，而不仅仅是使用秘密密钥。这样一来，超混沌系统生成的混沌系列即密钥流，会与明文图像相关，从而使选择明文攻击不再有效。因为在加密选择明文图像时，虽然秘密密钥没有发生变化，但明文图像已经发生变化。所以，加密过程中使用的密钥流也已经发生变化。也就是说，通过选择明文攻击获得的密钥流已经不能再用于恢复原始明文图像。

3.5.2　混沌序列的使用

由于五维超混沌系统的混沌序列生成非常耗时，为了提高 DS-HIES 的加密效率，应该尽可能减少五维超混沌系统的迭代次数。例如，DS-HIES 使用的混沌序列 k_1、k_2 和 k_3 的长度仅为 $M+N+M \times N$，因此只需迭代五维超混沌系统 $floor((M+N+M \times N)/5)+1$ 次即可生成 k_1、k_2 和 k_3，而不是 $M \times N$ 次。此外，混沌序列的使用效率也有待提高。例如，对于公式（3.8）中长度为 $4 \times M \times N$ 的 a_2'，生成它可以只使用一个长度为 $M \times N$ 的混沌序列，而不是长度为 $4 \times M \times N$ 的 a_2。

3.5.3　加密过程的设计

由于置换过程常常被用来提高密钥敏感性以及满足密码系统设计的混淆要求。因此，对于每个像素的置换，应该实现整个下标范围[1,$M \times N$]内的交换，而不是局限于某一行或某一列。

替换过程同样也常常被用来提高密钥敏感性以及满足密码系统设计的混淆要求。但是，该过程只是加密算法的一个组成部分，所以过于复杂的替换过程并没有必要，只会降低加密效率。本书所提出的攻击算法对 DS-HIES 的成功攻击正好证明了这一点。对于 DS-HIES 所采用的像素内循环移位、DNA 异或以及 DNA 替代，实际上只需要保留其中的一个。因为 3 次替换与 1 次替换在数学意义上完全等价。

扩散过程常常被用来提高明文敏感性以及满足密码系统设计的扩散要求。因此，扩散过程的效果应该是充分而又有效的。为了提高 DS-HIES 的扩散过程的充分性，可以考虑添加反向扩散，或者对整个加密过程进行迭代[88]。而要提高 DS-HIES 的扩散过程的有效性，可以考虑改进公式（3.12），从而避免扩散效果可以被简单计算消除的状况。

3.6　本章小结

本章简要介绍了 DS-HIES，并指出了其中存在的一些安全性、实用性和可行性问题。对于可行性问题，在不改变原加密算法结构和密码学特性的情况下，本章对其进行了改进。其次，本章对 DS-HIES 进行了密码分析，并提出了可行而又有效的选择明文攻击算法。为了证明密码分析的正确性以及攻击算法的可行性与有效性，本章展示了相关的测试结果，并对测试结果进行了分析。测试结果表明，本章指出的安全问题确实存在，并且提出的攻击算法也是可行的，可以在不知道任何秘密密钥相关信息的情况下完全恢复明文图像。最后，本章提出了一些进一步提高 DS-HIES 安全性和实用性的建议。未来，在本章工作的基础上，本书作者将设计并实现新的安全而又实用的混合式混沌图像加密算法，从而促进混合式混沌图像加密的发展。

第 4 章

基于二维混沌映射的图像加密

算法的安全性分析

4.1 引 言

为了提高现有混沌图像加密算法的安全性与实用性,新的混沌图像加密算法被不断提出。这些新的算法主要专注于两个方面,即提出新的或改进的混沌系统,以及提出新的或改进的加密过程。然而,根据许多学者的密码分析成果,混沌图像加密算法的加密过程更值得关注[55-58, 60-76, 80-84, 86, 90, 92, 94-95, 108-110, 141, 152-165]。本章全面分析了国际知名学术期刊《Information Sciences》(影响因子 4.305)报道的一种基于二维混沌映射(2D Logistic Adjusted Sine Map,2D-LASM)的图像加密算法[123],指出了该加密算法在加密粒度描述、混沌矩阵生成、混沌系统参数生成、等价秘密密钥、随机值像素插入、置换过程设计以及密钥流等方面存在的问题,并针对这些问题进行了分析和改进。随后,本章对该加密算法进行了密码分析,并提出了相应的攻击算法。对于本章所提出的攻击算法,模拟测试结果证实了该算法的可行性与有效性。最后,本章也给出了一些进一步改进该加密算法的建议。

4.2 原始算法简介

虽然原文对 LAS-IES 的描述存在一些问题,但本节将会按原样介绍 LAS-IES。其中存在的问题则会在第 4.3 节中指出。此外,本章会尽可能地使用原始符号。如果一个符号没有明确说明,那么该符号的定义与原始论文一致。LAS-IES 基于经过优化的二维混沌映射 2D-LASM,这是一个由正弦映射和逻辑斯蒂映射导出的二维混沌系统。由于本章只关注在 LAS-IES 中发现的安全性、实用性和合理性问题,因此不在此介绍 2D-LASM。有关 2D-LASM 的详细信息,请参阅原始文献[123]。下面将介绍 LAS-IES 的主要步骤,即秘密密钥生成、随机值像素插入、位操作混淆和位操作扩散。

4.2.1 秘密密钥生成

在 LAS-IES 中,置换过程和扩散过程会被迭代 2 次,因此会使用由混沌状态值组成的两个混沌矩阵 S_1 和 S_2。为此,LAS-IES 采用了通过不同初始状态值和控制参数生成混沌状态值的策略。也就是说，通过一个 232 位的秘密密钥生成 (x_0^1, y_0^1, μ_1) 和 (x_0^2, y_0^2, μ_2)，并用这两组参数通过 2D-LASM 来生成混沌状态值序列。然后再用生成的混沌状态值序列构造混沌矩阵 S_1 和 S_2。原始论文的算法 1 给出了通过秘密密钥生成混沌系统初始值和控制参数的过程。由于原始论文没有对该算法进行说明，因此这里给出一个较为直观的描述：

（1）首先，生成 x_0、y_0、μ、w、γ_1 和 γ_2。

$$x_0 = \sum_{i=1}^{52} K[i] \times 2^{i-53} \tag{4.1}$$

根据原始论文第 4.1 节给出的示例，可以确定秘密密钥 K 的 232 个位是从左到右进行处理的。即以高位优先（Big endian）的形式计算 K 的前 52 个位的加权和，然后再乘以 2^{-52} 得到 x_0。同样地，y_0、μ 和 w 也以类似方式依次处理 K 的第 2、第 3 和第 4 组的 52 个位来确定。K 的后 24 个位不会乘以 2^{-52}，而是直接以高位优先的形式计算加权和。其中，前 12 个位的加权和为 γ_1，后 12 个位的加权和为 γ_2。

（2）接着，用 x_0、y_0、w 和 γ_1 生成 (x_0^1, y_0^1, μ_1)，用 x_0、y_0、w 和 γ_2 生成 (x_0^2, y_0^2, μ_2)。

$$x_0^i = (x_0 + w \times \gamma_i) \bmod 1 \qquad i = 1, 2 \tag{4.2}$$

$$y_0^i = (y_0 + w \times \gamma_i) \bmod 1 \qquad i = 1, 2 \tag{4.3}$$

$$\mu_i = ((\mu + w \times \gamma_i) \bmod 0.4) + 0.5 \qquad i = 1, 2 \tag{4.4}$$

其中公式（4.2）和公式（4.3）确保获得的混沌系统初始值 $(x_0^1, y_0^1, x_0^2, y_0^2) \in [0,1)$，而公式（4.4）则确保 2D-LASM 处于超混沌状态，即混沌系统控制参数 $(\mu_1, \mu_2) \in [0.5, 0.9)$。

（3）最后，为了确保得到的 2D-LASM 初始状态值不为 0，当得到的初始状态值为 0 时，原始论文的算法 1 会用 0.4 进行替换。

4.2.2　随机值像素插入

在 LAS-IES 中，原作者首先会在明文图像 P 中添加大量随机值像素。

但是，原作者并没有描述如何获得这些随机值。添加的随机值像素包括 2 个行和 2 个列，其中行添加至 P 的上方和下方，而列则添加至 P 的左右两侧，如图 4.1 所示。

图 4.1　LAS-IES 中的随机值像素插入

4.2.3　位操作混淆

接下来，插入随机值像素后得到的图像 P' 会被置换。具体置换过程如下所示：

（1）将大小为 $(M+2) \times (N+2)$ 的混沌矩阵 S 转换为与 P' 的像素相同的表示格式。

（2）生成大小为 $(M+2) \times (N+2)$ 的索引矩阵 I，其中 I 的每个元素就是 P' 中每个像素从左到右、从上到下的序号。

（3）将 S、I 和 P' 中的每个元素都转换成二进制序列。并将这三个矩阵对应坐标处的二进制序列连接起来，从而形成一个大小为 $(M+2) \times (N+2)$ 的二进制序列矩阵 R。即 R 中的每个元素都由 3 个二进制序列连接而成。

（4）对 R 进行逐行的升序排序。

（5）对 R 进行逐列的升序排序。

（6）从 R 中提取经过置换的 P' 的所有像素，从而获得经过置换的图像 T。

4.2.4　位操作扩散

在 LAS-IES 的扩散过程中，T 的当前像素会与上一个已进行过扩散处理的像素以及混沌矩阵 S 的对应元素依次进行异或。

$$O_{i,j} = \begin{cases} T_{i,j} \oplus T_{Q,W} \oplus S_{i,j} & \text{for } i=1, j=1; \\ T_{i,j} \oplus O_{i-1,W} \oplus S_{i,j} & \text{for } i \neq 1, j=1; \\ T_{i,j} \oplus O_{i,j-1} \oplus S_{i,j} & \text{for } j \neq 1; \end{cases} \quad （4.5）$$

其中 $T_{i,j}$ 是当前需要进行扩散处理的像素，$O_{i,j}$ 是已进行扩散处理的像素，$S_{i,j}$ 是 S 的元素。$Q = M+2$ 和 $W = N+2$ 分别表示 T 的行数和列数。在解密过程中，逆处理如下所示：

$$T_{i,j} = \begin{cases} O_{i,j} \oplus O_{i,j-1} \oplus S_{i,j} & \text{for } j \neq 1; \\ O_{i,j} \oplus O_{i-1,W} \oplus S_{i,j} & \text{for } i \neq 1, j=1; \\ O_{i,j} \oplus T_{Q,W} \oplus S_{i,j} & \text{for } i=1, j=1; \end{cases} \quad （4.6）$$

LAS-IES 的置换过程和扩散过程会被迭代两次，以便生成最终的密文图像。

4.3　发现的问题

首先，需要注意的是，本书使用后缀 H 表示一个值是十六进制值。另外，由于 LAS-IES 对二值图像、灰度图像和彩色图像的加密方式相同，为简单起见，仅讨论 256 个灰度级别的灰度图像的加密。通过对原始论文进行仔细研究，作者发现原始论文或 LAS-IES 中存在以下的安全性、实用性和合理性问题。

4.3.1　不恰当的描述

首先，原始论文的 4.1 节的题目是"秘密密钥生成"，但实际上这一节描述的是使用秘密密钥来生成 (x_0^1, y_0^1, μ_1) 和 (x_0^2, y_0^2, μ_2)，即生成 2D-LASM 的初始状态值和控制参数。此外，原作者在这一节的末尾提供了一个示例。

在示例中，秘密密钥

$$K = AFE16E25A23D9D178D059526D0B5 \\ C63471429DB435794F8A359004B490\,H \tag{4.7}$$

被用来生成

$$(x_0^1, y_0^1, \mu_1) = (0.60846485, 0.04450474, 0.85772949) \\ (x_0^2, y_0^2, \mu_2) = (0.1251692, 0.56120908, 0.87443383) \tag{4.8}$$

因此，原始论文中的这一节的标题应该是"混沌系统参数生成"，而不是"秘密密钥生成"。

其次，在原始论文的第 1 节、第 4.1 节、第 4.3 节、第 4.4 节、第 4.5 节和第 7 节中，原作者多次提到 LAS-IES 执行的是位级的置换和位级的扩散。但是，从原始论文的 4.3 和 4.4 节可以看出，在置换和扩散过程中，输入图像的每个像素都是作为一个整体来处理的。此外，可以从许多混沌图像加密算法中看到，真正的位级置换和/或位级扩散是如何处理输入图像的[53, 111-113]。因此，原始论文中的对处理粒度的描述应该从位级改为像素级。

4.3.2 混沌矩阵的生成

在混沌图像加密算法中，高效合理地使用状态值序列尤为重要，因为这与加密算法的实用性和安全性密切相关[59, 79]。但是，原作者却并没有提供在 LAS-IES 中使用的混沌矩阵 S_1 和 S_2 的生成细节。在原始论文中，作者只提到了"利用这两组初始状态，2D-LASM 可以生成两个混沌矩阵 S_1 和 S_2"[123]。因为本书也需要在模拟测试中实现 LAS-IES，所以本书用以下步骤来生成混沌矩阵 S_1 和 S_2，并以大小为 $(64+2) \times (64+2)$ 的混沌矩阵为例进行说明。

（1）迭代 2D-LASM 100 次来规避过渡状态。

（2）再对 2D-LASM 迭代 2178 次，得到长度为 4356 的混沌状态值序列，即每次迭代得到的两个状态值保存至状态值序列 CS 中。

（3）将浮点数形式的状态值转换为与明文图像像素有着相同表示格式的混沌矩阵元素。

$$S_i = floor(CS_i \times 10^{14}) \bmod 256 \quad i = 1, 2, ..., 4356 \tag{4.9}$$

（4）将 S 重新调整为大小为 66×66 的二维矩阵。

4.3.3　不合理的混沌系统参数生成设计

原始论文中的算法 1 的设计不合理，可以被显著简化。该算法以高位优先的形式逐位处理秘密密钥 K，以此来生成混沌系统参数。这里以 γ_2 为例，重复原始论文的混沌系统参数生成过程。在原始论文的算法 1 中，γ_2 采用如下公式计算：

$$\gamma_2 = \sum_{i=221}^{232} K[i] \times 2^{i-221} \tag{4.10}$$

在原始论文示例中，K 的最后 12 位是十六进制值为 $490H$ 的二进制序列，即 0100 1001 0000。因此：

$$
\begin{aligned}
\gamma_2 = &\, 0 \times 2^0 + 1 \times 2^1 + 0 \times 2^2 + 0 \times 2^3 + 1 \times 2^4 + 0 \times 2^5 + \\
&\, 0 \times 2^6 + 1 \times 2^7 + 0 \times 2^8 + 0 \times 2^9 + 0 \times 2^{10} + 0 \times 2^{11} \\
= &\, 1 \times 2^1 + 1 \times 2^4 + 1 \times 2^7 \\
= &\, 146
\end{aligned}
\tag{4.11}
$$

类似地，可以计算 γ_1 的值。在没有 $490H$ 部分的情况下，K 最后 12 位的十六进制值是 $04BH$，即 0000 0100 1011。所以

$$
\begin{aligned}
\gamma_1 = &\, 0 \times 2^0 + 0 \times 2^1 + 0 \times 2^2 + 0 \times 2^3 + 0 \times 2^4 + 1 \times 2^5 + \\
&\, 0 \times 2^6 + 0 \times 2^7 + 1 \times 2^8 + 0 \times 2^9 + 1 \times 2^{10} + 1 \times 2^{11} \\
= &\, 1 \times 2^5 + 1 \times 2^8 + 1 \times 2^{10} + 1 \times 2^{11} \\
= &\, 3360
\end{aligned}
\tag{4.12}
$$

很明显，计算结果与原始论文完全一致，可以看到原作者确实使用了这种高位优先的形式来计算混沌系统参数的值。而且，这种高位优先的计算形式并不是由特殊的软硬件平台造成的，因为原始论文的图 7 所展示的数据采用的是常见的低位优先（Little endian）形式。

接下来，将对原始论文中的算法 1 进行简化。如果本节使用低位优先的形式来生成混沌系统参数，为了得到相同的值，需要先翻转二进制序列。例如，将 0100 1001 0000 翻转为 0000 1001 0010。计算翻转后的二进制序

列值时，不再需要逐位计算。而对于 γ_1 和 γ_2，甚至根本不需要进行计算，直接使用即可。以原作者使用的 Intel (R) Core (TM) i7-4770 CPU 和 Python 编程语言为例，运行在该 CPU 上的 Python 完全可以直接表示和处理 52 位二进制数。这样一来，只需 4 次计算即可获得 x_0、y_0、w、γ_1 和 γ_2，而不是复杂的逐位计算。此外，由于这种翻转在数学意义上是一对一映射，因而对 LAS-IES 的密钥空间和混沌系统参数的生成不会有任何实质性的影响。因此，只需要从一开始就选择对应的 K' 即可，并不需要真正地对 K 进行翻转。例如，想要得到与原文示例相同的混沌系统参数值，只需要选择以下的 K'：

$$K' = 092D2009AC51F29EAC2DB9428E2C \atop 63AD0B64A9A0B1E8B9BC45A47687F5\,H \tag{4.13}$$

然后直接将其在逻辑上拆分为 6 个十六进制值 k_1、k_2、k_3、k_4、k_5 和 k_6。

$$k_1 \| k_2 \| k_3 \| k_4 \| k_5 \| k_6 = K' \tag{4.14}$$

其中 $\|$ 表示 1 个十六进制值是由 2 个十六进制值连接而成。由于 64 位处理器可以直接表示和处理 64 位无符号整数，因此也根本不需要将 k_1、k_2、k_3、k_4、k_5 和 k_6 转换为二进制序列，可以直接计算 x_0、y_0 和 w 的值，而对于 γ_1 和 γ_2，则可以直接使用。

$$
\begin{aligned}
\gamma_2 &= k_1 = 092\,H = 146 \\
\gamma_1 &= k_2 = D20\,H = 3360 \\
w &= k_3 \times 2^{-52} = 09AC51F29EAC2\,H \times 2^{-52} \\
&= 0.037785646184304 \approx 0.03778565 \\
\mu &= k_4 \times 2^{-52} = DB9428E2C63AD\,H \times 2^{-52} \\
&= 0.857729487767055 \approx 0.85772949 \\
y_0 &= k_5 \times 2^{-52} = 0B64A9A0B1E8B\,H \times 2^{-52} \\
&= 0.044504739505927 \approx 0.04450474 \\
x_0 &= k_6 \times 2^{-52} = 9BC45A47687E5\,H \times 2^{-52} \\
&= 0.608464853700292 \approx 0.60846485
\end{aligned}
\tag{4.15}
$$

可以看到，计算结果与原始论文完全一致。

然而，不仅如此，本节还可以进一步简化混沌系统参数的生成过程。

由于每个参数的生成过程相似，这里仅描述 x_0^1 的简化生成过程。

$$
\begin{aligned}
x_0^1 &= (x_0 + w \times \gamma_1) \bmod 1 \\
&= (k_6 \times 2^{-52} + k_3 \times 2^{-52} \times k_2) \bmod 1 \\
&= ((k_6 + k_3 \times k_2) \times 2^{-52}) \bmod 1
\end{aligned}
\tag{4.16}
$$

类似地，可以得到其他混沌系统参数的简化计算方法。

$$
\begin{aligned}
x_0^2 &= ((k_6 + k_3 \times k_1) \times 2^{-52}) \bmod 1 \\
y_0^1 &= ((k_5 + k_3 \times k_2) \times 2^{-52}) \bmod 1 \\
y_0^2 &= ((k_5 + k_3 \times k_1) \times 2^{-52}) \bmod 1 \\
u_1 &= (((k_4 + k_3 \times k_2) \times 2^{-52}) \bmod 0.4) + 0.5 \\
u_2 &= (((k_4 + k_3 \times k_1) \times 2^{-52}) \bmod 0.4) + 0.5
\end{aligned}
\tag{4.17}
$$

可以看出，x_0、y_0、w、γ_1 和 γ_2 甚至根本没有必要存在，可以直接计算 k_1、k_2、k_3、k_4、k_5 和 k_6 的值。因此，本书最终实现了如表 4.1 所示的简化算法。

表 4.1　简化的混沌系统参数生成

算法 4.1　控制参数和初始状态值生成算法
输入
29 个字节的秘密密钥 $k_1 \parallel k_2 \parallel k_3 \parallel k_4 \parallel k_5 \parallel k_6 = K$。
输出
混沌系统参数 (x_0^1, y_0^1, μ_1) 和 (x_0^2, y_0^2, μ_2)。
步骤
1: for i = 1:2
2:　　　$u_i = (((k_4 + k_3 \times k_{3-i}) \times 2^{-52}) \bmod 0.4) + 0.5$;
3:　　　$y_0^i = ((k_5 + k_3 \times k_{3-i}) \times 2^{-52}) \bmod 1$;
4:　　　$x_0^i = ((k_6 + k_3 \times k_{3-i}) \times 2^{-52}) \bmod 1$;
5:　　if $x_0^i == 0$
6:　　　　$x_0^i = 0.4$;
7:　　end
8:　　if $y_0^i == 0$
9:　　　　$y_0^i = 0.4$
10:　　　end
11:　　end

4.3.4 等价秘密密钥

LAS-IES 还存在等价秘密密钥的问题。也就是说，使用不同的秘密密钥可以得到相同的混沌系统参数，从而得到完全相同的密钥流，进而产生完全相同的加解密效果。因此，LAS-IES 的密钥空间并没有原作者声称的那么大，原始论文 6.1 节中关于密钥空间和密钥敏感性的论述也不成立。由于上述算法 4.1 更便于讨论，并且在数学意义上与原始论文的算法 1 等价。因此，这里将使用算法 4.1 来讨论等价秘密密钥问题。从算法 4.1 可以看出，要用不同的秘密密钥 K_a 和 K_b

$$
\begin{aligned}
K_a &= a_1 \parallel a_2 \parallel a_3 \parallel a_4 \parallel a_5 \parallel a_6 \\
K_b &= b_1 \parallel b_2 \parallel b_3 \parallel b_4 \parallel b_5 \parallel b_6
\end{aligned}
\tag{4.18}
$$

来生成相同的混沌系统参数，必须满足以下方程组：

$$
\begin{cases}
a_6 + a_3 \times a_2 = b_6 + b_3 \times b_2 \\
a_6 + a_3 \times a_1 = b_6 + b_3 \times b_1 \\
a_5 + a_3 \times a_2 = b_5 + b_3 \times b_2 \\
a_5 + a_3 \times a_1 = b_5 + b_3 \times b_1 \\
a_4 + a_3 \times a_2 = b_4 + b_3 \times b_2 \\
a_4 + a_3 \times a_1 = b_4 + b_3 \times b_1
\end{cases}
\tag{4.19}
$$

可以将方程组简化为公式（4.22）：

$$
\begin{cases}
a_6 - b_6 = b_3 \times b_2 - a_3 \times a_2 \\
a_6 - b_6 = b_3 \times b_1 - a_3 \times a_1 \\
a_5 - b_5 = b_3 \times b_2 - a_3 \times a_2 \\
a_5 - b_5 = b_3 \times b_1 - a_3 \times a_1 \\
a_4 - b_4 = b_3 \times b_2 - a_3 \times a_2 \\
a_4 - b_4 = b_3 \times b_1 - a_3 \times a_1
\end{cases}
\tag{4.20}
$$

$$
\begin{cases}
a_6 - b_6 = b_3 \times b_2 - a_3 \times a_2 = b_3 \times b_1 - a_3 \times a_1 \\
a_5 - b_5 = b_3 \times b_2 - a_3 \times a_2 = b_3 \times b_1 - a_3 \times a_1 \\
a_4 - b_4 = b_3 \times b_2 - a_3 \times a_2 = b_3 \times b_1 - a_3 \times a_1
\end{cases}
\tag{4.21}
$$

$$
a_6 - b_6 = a_5 - b_5 = a_4 - b_4 = b_3 \times b_2 - a_3 \times a_2 = b_3 \times b_1 - a_3 \times a_1 \tag{4.22}
$$

因此，对于给定的 K_a，只需要构造满足公式（4.22）的 K_b，就可以通过 K_b 生成相同的混沌系统参数。为了满足公式（4.22），首先尝试满足它的以下部分：

$$b_3 \times b_2 - a_3 \times a_2 = b_3 \times b_1 - a_3 \times a_1 \qquad (4.23)$$

将公式（4.23）转换为公式（4.24）：

$$a_3 \times (a_2 - a_1) = b_3 \times (b_2 - b_1) \qquad (4.24)$$

因此，只要能找到 $a_3 \times (a_2 - a_1)$ 的其他因子分解（Factorization）结果，并确保新的因子 $b_3 \in (0, 2^{52})$、$(b_2 - b_1) \in [0, 2^{12})$，而且获得的 $(b_4, b_5, b_6) \in (0, 2^{52})$，那么就可以得到等价秘密密钥 K_b。

接下来，尝试在 LAS-IES 的密钥空间中找到具体的等价秘密密钥对。假设 $a_2 = a_1$、$b_2 = b_1$，然后选择 $b_3 \in (0, 2^{52})$、$b_2 \in (0, 2^{12})$，并根据公式（4.22）计算出 b_4、b_5、b_6 的值。如果 $(b_4, b_5, b_6) \in (0, 2^{52})$，那么就找到了 $K_b = b_1 \| b_2 \| b_3 \| b_4 \| b_5 \| b_6$。根据公式（4.22），可以得到：

$$\begin{cases} b_4 = a_3 \times a_2 - b_3 \times b_2 + a_4 \\ b_5 = a_3 \times a_2 - b_3 \times b_2 + a_5 \\ b_6 = a_3 \times a_2 - b_3 \times b_2 + a_6 \end{cases} \qquad (4.25)$$

另外，$(b_4, b_5, b_6) \in (0, 2^{52})$，因此：

$$\begin{cases} 0 < b_4 < 2^{52} \\ 0 < b_5 < 2^{52} \\ 0 < b_6 < 2^{52} \end{cases} \Leftrightarrow \begin{cases} 0 < a_3 \times a_2 - b_3 \times b_2 + a_4 < 2^{52} \\ 0 < a_3 \times a_2 - b_3 \times b_2 + a_5 < 2^{52} \Leftrightarrow \\ 0 < a_3 \times a_2 - b_3 \times b_2 + a_6 < 2^{52} \end{cases}$$

$$\begin{cases} a_3 \times a_2 + a_4 - 2^{52} < b_3 \times b_2 < a_3 \times a_2 + a_4 \\ a_3 \times a_2 + a_5 - 2^{52} < b_3 \times b_2 < a_3 \times a_2 + a_5 \\ a_3 \times a_2 + a_6 - 2^{52} < b_3 \times b_2 < a_3 \times a_2 + a_6 \end{cases} \qquad (4.26)$$

进一步地

$$a_3 \times a_2 + \max\{a_4, a_5, a_6\} - 2^{52} < b_3 \times b_2 < a_3 \times a_2 + \min\{a_4, a_5, a_6\} \quad (4.27)$$

可以看出，满足公式（4.27）的 b_2 和 b_3 大量存在。也就是说，当 $a_2 = a_1$

和 $b_2 = b_1$ 时，可以构造大量的等价秘密密钥对。例如，假设存在

$$K_a = 10010009AC51F29EAC2DB9428E2C$$
$$63AD0B64A9A0B1E8B9BC45A47687F5H \tag{4.28}$$

此时，$a_2 = a_1 = 100H = 256$，满足 $a_2 = a_1$。根据公式（4.27），可以得到

$$42923154625471917 < b_3 \times b_2 < 43764315579605131 \tag{4.29}$$

显然，会有大量的 b_3 和 b_2 满足公式（4.29），不妨选择

$$b_3 = 43000000000000 = 0271BB7B9B000H$$
$$b_2 = 1000 = 3E8H \tag{4.30}$$

令 $b_1 = b_2 = 3E8H$，根据公式（4.25），可以得到：

$$b_4 = 09AC51F29EAC2H \times 100H - 0271BB7B9B000H \times$$
$$3E8H + DB9428E2C63ADH$$
$$= FBA1C0ABFA5ADH$$
$$b_5 = 09AC51F29EAC2H \times 100H - 0271BB7B9B000H \times$$
$$3E8H + B64A9A0B1E8BH \tag{4.31}$$
$$= 2B724169E608BH$$
$$b_6 = 09AC51F29EAC2H \times 100H - 0271BB7B9B000H \times$$
$$3E8H + 9BC45A47687F5H$$
$$= BBD1F2109C9F5H$$

因此，最终得到了一个 K_a 的等价秘密密钥 $K_b = b_1 \| b_2 \| b_3 \| b_4 \| b_5 \| b_6$。

$$K_b = 3E83E80271BB7B9B000FBA1C0ABF$$
$$A5AD2B724169E608BBBD1F2109C9F5H \tag{4.32}$$

通过检验，不难确定，通过 K_a 可以获得的混沌系统参数为：

$$(x_0^1, y_0^1, \mu_1) = (x_0^2, y_0^2, \mu_2)$$
$$= (0.28159028, 0.71763016, 0.63085491) \tag{4.33}$$

而通过 K_b 可以获得的混沌系统参数为：

$$(\overline{x_0^1}, \overline{y_0^1}, \overline{\mu_1}) = (\overline{x_0^2}, \overline{y_0^2}, \overline{\mu_2})$$
$$= (0.28159028, 0.71763016, 0.63085491) \tag{4.34}$$

事实上，不仅可以构造等价秘密密钥对，对于事先给定的秘密密钥，也可以找到其等价秘密密钥。在此以原始论文 4.1 节中给出的秘密密钥为例：

$$K = AFE16E25A23D9D178D059526D0B$$
$$5C63471429DB435794F8A359004B490\,H \tag{4.35}$$

根据前面提出的算法 4.1，其对应的值为：

$$K_a = 092D2009AC51F29EAC2DB9428E2C$$
$$63AD0B64A9A0B1E8B9BC45A47687F5\,H \tag{4.36}$$

令 $b_4 = a_4$、$b_5 = a_5$、$b_6 = a_6$，根据公式（4.22）可以得到：

$$\begin{cases} a_3 \times a_2 = b_3 \times b_2 \\ a_3 \times a_1 = b_3 \times b_1 \end{cases} \tag{4.37}$$

令 $b_3 = 2 \times a_3$，即对于 $a_3 = 09AC51F29EAC2\,H$，令 $b_3 = 1358A3E53D584\,H$。然后根据公式（4.37），可以得到 $b_2 = a_2/2 = 049\,H$，$b_1 = a_1/2 = 690\,H$。这样，对于密钥：

$$K_a = 092D2009AC51F29EAC2DB9428E2C$$
$$63AD0B64A9A0B1E8B9BC45A47687F5\,H \tag{4.38}$$

可以找到等价秘密密钥：

$$K_b = 0496901358A3E53D584DB9428E2C$$
$$63AD0B64A9A0B1E8B9BC45A47687F5\,H \tag{4.39}$$

4.3.5　大量随机值的使用

在置换过程之前，LAS-IES 进行了大量的随机值像素添加，并且添加的数量高达 $2 \times (N+2)+2 \times M$。这样的设计是非常不合理的。首先，这会降低 LAS-IES 的实用性。具体而言，每次加密前都需要准备大量的随机值，而且还需要承担额外的数据加密和数据传输负担；其次，这种一次一密性质的设计明显不符合现代密码系统的设计原则[59, 77, 79]。根据柯克霍夫原则，加密算法的安全性应该完全依赖于秘密密钥，而不是其他秘密参数，更不用说是这种一次一密性质的大量随机值[150]。此外，在选择明文攻击条件下，LAS-IES 的随机值像素插入是没有意义的。可以从两个角度来进行说明：

（1）根据柯克霍夫原则，只有秘密密钥对于攻击值而言是未知的。对于需要攻击的密文图像，攻击者可以使用已知的随机值像素构造选择明文图像，并使用保持不变的未知秘密密钥获取选择明文图像的对应密文图像。

（2）由于 LAS-IES 是完全开放的，在选择明文攻击条件下，攻击者可以将随机值像素和普通明文图像像素都视为明文图像像素。对于需要攻击的大小为$(M+2) \times (N+2)$的密文图像，攻击者可以构造同样大小（即$(M+2) \times (N+2)$）的选择明文图像[152-165]。然后，利用保持不变的未知密钥来获得这些选择明文图像的对应密文图像。

4.3.6 不合理的置换过程设计

由于处理的细节不同，原作者对扩散过程的逆过程进行了描述，保证了扩散过程的可逆性。但是，他们并没有描述置换过程的逆过程，所以本书合理地认为置换过程的逆过程并没有实质性的差别。在解密过程中，本书首先通过混沌矩阵 S、索引矩阵 I 和输入图像 T 构造 R，对 R 进行排序，然后尝试得到明文图像或中间密文图像。但是，这种方法并不能得到明文图像或中间密文图像。因此，LAS-IES 的置换过程是不可逆的。

事实上，根据 LAS-IES 的置换过程描述，要解密明文图像或中间密文图像，首先必须得到 R 中的经过排序的 I，不妨将其标记为 I_p。然后将 I_p 和 T 的二进制序列连接起来，并依次进行列内排序和行内排序。但是，原作者并没有说明如何在解密过程中获得 I_p。很明显，只有两种方法可以获得 I_p：第一种是加密方将 I_p 发送给解密方；第二种是解密方对由 S 和 I 连接的矩阵进行排序以获得 I_p。然而，第一种方法不具可行性，要加密大小为 $M \times N$ 的明文图像，需要通过安全通道传输大小为$(M+2) \times (N+2)$的 I_p，这样的加密算法是没有意义的。因此，只能采取第二种方式。但是，原作者并没有说明这一点。

在 LAS-IES 的置换过程中还存在另一个合理性问题。也就是说，二进制的转换和连接是不必要的。从原始论文的第 4.3 节和本书的第 4.3.3 节可以看出，LAS-IES 的置换过程实际上就是通过对 S 进行排序来对输入图像 P 进行置换。这是一个只需要两个步骤即可完成的简单过程：

（1）对 S 进行逐行的升序排序。在排序过程中，如果 S 的元素的位置发生了变化，则对位于对应位置的 P 的像素施加了相同的位置变化。

（2）对 S 进行逐列的升序排序。在排序过程中，如果 S 的元素的位置发生了变化，则对位于对应位置的 P 的像素施加了相同的位置变化。

然而，LAS-IES 却给出了一个非常复杂的实现，造成了计算空间和计算时间的浪费。因此，对原始论文的算法 2 进行了简化，如表 4.2 所示。

表 4.2　简化的置换过程

算法 4.2　像素级置换算法
输入
明文图像 P 和混沌矩阵 S，其大小均为 $Q \times W$，其元素均用 8 个位来表示。
输出
像素级置换结果 P。
步骤
（1）$(S, P) = SortR(S, P)$；$SortR(X, Y)$沿水平方向对矩阵 X 进行排序，并同时将相同的元素位置变化应用于矩阵 Y。
（2）$P = SortC(S, P)$；$SortC(X, Y)$沿垂直方向对矩阵 X 进行排序，并同时将相同的元素位置变化应用于矩阵 Y。

4.3.7　保持不变的密钥流

LAS-IES 在置换过程和扩散过程中使用的密钥流是通过混沌系统 2D-LASM 生成的。众所周知，混沌系统是确定性系统。如果混沌系统的初始值和控制参数保持不变，那么混沌系统产生的混沌状态值完全相同。然而，LAS-IES 所使用的 2D-LASM 参数完全独立于明文图像，并且完全由秘密密钥决定。因此，在加密不同的明文图像时，如果秘密密钥保持不变，那么加密过程中使用的密钥流也完全保持不变。

4.4　密码分析和攻击算法

本节首先对 LAS-IES 进行密码分析，然后提出具体的攻击算法。

4.4.1 密码分析

接下来，对 LAS-IES 的整个加密过程进行密码分析，从而确定明文图像像素与密文图像像素之间的关系。根据本书第 4.3.5 节可知，在选择明文攻击条件下，插入的随机值像素是已知的，或者至少是保持不变的。不难发现，LAS-IES 插入的随机值像素除了改变明文图像的大小，对整个加密过程并没有任何实质性的影响。因此，暂时不考虑 LAS-IES 中的随机值像素插入，或者暂时将插入的像素视为普通的明文图像像素。为简单起见，这里以一个 3×3 的明文图像为例进行密码分析。此外，这里对图像的讨论也以一维形式进行，即假设存在一张明文图像 $P = \{P_1, P_2, P_3, P_4, P_5, P_6, P_7, P_8, P_9\}$，经过两轮的置换和扩散，得到密文图像 $C = \{C_1, C_2, C_3, C_4, C_5, C_6, C_7, C_8, C_9\}$，如图 4.2 所示。

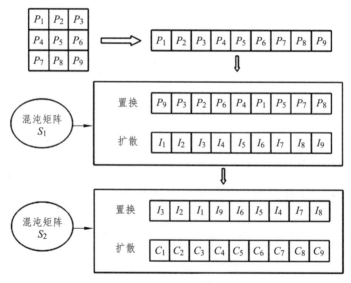

图 4.2　$P = \{P_1, P_2, P_3, P_4, P_5, P_6, P_7, P_8, P_9\}$ 的加密过程

图 4.2 给出了一个可能的置换和扩散结果。下面会对其进行密码分析。在实际的加密过程中，经过置换的图像像素的具体位置以及经过扩散的具体像素值可能会有所不同。但是，这并不妨碍本书讨论密文图像像素的组成。

首先执行的是第一轮的置换，见图 4.2。此时，明文图像像素的坐标会发生变化，即像素的位置会发生变化，但像素值不会发生变化。接下来执行的是第一轮的扩散，此时经过置换的像素的坐标不会发生变化，但像素值会发生变化。根据公式（4.40），可以确定中间密文图像像素、明文图像像素和混沌矩阵元素之间的对应关系。

$$I_1 = P_9 \oplus P_8 \oplus S_{1,1}$$
$$I_2 = P_3 \oplus I_1 \oplus S_{1,2} = P_3 \oplus P_9 \oplus P_8 \oplus S_{1,1} \oplus S_{1,2}$$
$$I_3 = P_2 \oplus I_2 \oplus S_{1,3} = P_2 \oplus P_3 \oplus P_9 \oplus P_8 \oplus S_{1,1} \oplus S_{1,2} \oplus S_{1,3}$$
$$I_4 = P_6 \oplus I_3 \oplus S_{1,4} = P_6 \oplus P_2 \oplus P_3 \oplus P_9 \oplus P_8 \oplus S_{1,1} \oplus$$
$$S_{1,2} \oplus S_{1,3} \oplus S_{1,4}$$
$$I_5 = P_4 \oplus I_4 \oplus S_{1,5} = P_4 \oplus P_6 \oplus P_2 \oplus P_3 \oplus P_9 \oplus P_8 \oplus$$
$$S_{1,1} \oplus S_{1,2} \oplus S_{1,3} \oplus S_{1,4} \oplus S_{1,5}$$
$$I_6 = P_1 \oplus I_5 \oplus S_{1,6} = P_1 \oplus P_4 \oplus P_6 \oplus P_2 \oplus P_3 \oplus P_9 \oplus$$
$$P_8 \oplus S_{1,1} \oplus S_{1,2} \oplus S_{1,3} \oplus S_{1,4} \oplus S_{1,5} \oplus S_{1,6}$$
$$I_7 = P_5 \oplus I_6 \oplus S_{1,7} = P_5 \oplus P_1 \oplus P_4 \oplus P_6 \oplus P_2 \oplus P_3 \oplus$$
$$P_9 \oplus P_8 \oplus S_{1,1} \oplus S_{1,2} \oplus S_{1,3} \oplus S_{1,4} \oplus S_{1,5} \oplus S_{1,6} \oplus S_{1,7}$$
$$I_8 = P_7 \oplus I_7 \oplus S_{1,8}$$
$$= P_7 \oplus P_5 \oplus P_1 \oplus P_4 \oplus P_6 \oplus P_2 \oplus P_3 \oplus P_9 \oplus P_8 \oplus$$
$$S_{1,1} \oplus S_{1,2} \oplus S_{1,3} \oplus S_{1,4} \oplus S_{1,5} \oplus S_{1,6} \oplus S_{1,7} \oplus S_{1,8}$$
$$I_9 = P_8 \oplus I_8 \oplus S_{1,9}$$
$$= P_7 \oplus P_5 \oplus P_1 \oplus P_4 \oplus P_6 \oplus P_2 \oplus P_3 \oplus P_9 \oplus S_{1,1} \oplus$$
$$S_{1,2} \oplus S_{1,3} \oplus S_{1,4} \oplus S_{1,5} \oplus S_{1,6} \oplus S_{1,7} \oplus S_{1,8} \oplus S_{1,9} \tag{4.40}$$

其中，I_i ($i = 1,2,3,4,5,6,7,8,9$)为经过第一轮置换和扩散后得到的中间密文图像像素。$S_{1,i}$ ($i = 1,2,3,4,5,6,7,8,9$)是在第一轮置换和扩散中使用的混沌矩阵 S_1 的元素。观察所有 I_i 的构成，不难发现，它们都是一些明文像素 P_i 和混沌矩阵元素 $S_{1,i}$ 异或而成。其中参与异或运算的 P_i 和 $S_{1,i}$ 的数量与坐标取决于 I_i 的坐标，也就是说，取决于第一轮置换的结果。然而，第一轮置换是完全由 S_1 决定的。也就是说，在 S_1 保持不变的情况下，对于不同的明文图像，第一轮置换和扩散后得到的 I_i 与 P_i 之间的对应关系是固定的。I_i 始终是一些有着固定坐标的 P_i 和 $S_{1,i}$ 的异或运算结果。

对于第二轮的置换和扩散，见图 4.2，所有 I_i 也会先被置换，即改变坐标，然后进行扩散，即改变像素值。同样地，根据公式（4.41），可以确定最终密文图像像素、中间密文图像像素与混沌矩阵元素之间的对应关系。

$$
\begin{aligned}
C_1 &= I_3 \oplus I_8 \oplus S_{2,1} \\
C_2 &= I_2 \oplus C_1 \oplus S_{2,2} = I_2 \oplus I_3 \oplus I_8 \oplus S_{2,1} \oplus S_{2,2} \\
C_3 &= I_1 \oplus C_2 \oplus S_{2,3} = I_1 \oplus I_2 \oplus I_3 \oplus I_8 \oplus S_{2,1} \oplus S_{2,2} \oplus S_{2,3} \\
C_4 &= I_9 \oplus C_3 \oplus S_{2,4} = I_9 \oplus I_1 \oplus I_2 \oplus I_3 \oplus I_8 \oplus S_{2,1} \oplus \\
&\quad S_{2,2} \oplus S_{2,3} \oplus S_{2,4} \\
C_5 &= I_6 \oplus C_4 \oplus S_{2,5} = I_6 \oplus I_9 \oplus I_1 \oplus I_2 \oplus I_3 \oplus I_8 \oplus \\
&\quad S_{2,1} \oplus S_{2,2} \oplus S_{2,3} \oplus S_{2,4} \oplus S_{2,5} \\
C_6 &= I_5 \oplus C_5 \oplus S_{2,6} = I_5 \oplus I_6 \oplus I_9 \oplus I_1 \oplus I_2 \oplus I_3 \oplus \\
&\quad I_8 \oplus S_{2,1} \oplus S_{2,2} \oplus S_{2,3} \oplus S_{2,4} \oplus S_{2,5} \oplus S_{2,6} \\
C_7 &= I_4 \oplus C_6 \oplus S_{2,7} = I_4 \oplus I_5 \oplus I_6 \oplus I_9 \oplus I_1 \oplus I_2 \oplus \\
&\quad I_3 \oplus I_8 \oplus S_{2,1} \oplus S_{2,2} \oplus S_{2,3} \oplus S_{2,4} \oplus S_{2,5} \oplus S_{2,6} \oplus S_{2,7} \\
C_8 &= I_7 \oplus C_7 \oplus S_{2,8} \\
&= I_7 \oplus I_4 \oplus I_5 \oplus I_6 \oplus I_9 \oplus I_1 \oplus I_2 \oplus I_3 \oplus I_8 \oplus S_{2,1} \oplus \\
&\quad S_{2,2} \oplus S_{2,3} \oplus S_{2,4} \oplus S_{2,5} \oplus S_{2,6} \oplus S_{2,7} \oplus S_{2,8} \\
C_9 &= I_8 \oplus C_8 \oplus S_{2,9} \\
&= I_7 \oplus I_4 \oplus I_5 \oplus I_6 \oplus I_9 \oplus I_1 \oplus I_2 \oplus I_3 \oplus S_{2,1} \oplus S_{2,2} \oplus \\
&\quad S_{2,3} \oplus S_{2,4} \oplus S_{2,5} \oplus S_{2,6} \oplus S_{2,7} \oplus S_{2,8} \oplus S_{2,9}
\end{aligned}
\tag{4.41}
$$

其中，C_i $(i = 1,2,3,4,5,6,7,8,9)$ 为经过第二轮置换和扩散后得到的最终密文图像像素。$S_{2,i}$ $(i = 1,2,3,4,5,6,7,8,9)$ 是在第二轮置换和扩散中使用的混沌矩阵 S_2 的元素。类似地，观察所有 C_i 的构成，不难发现，它们都是一些中间密文像素 I_i 和混沌矩阵元素 $S_{2,i}$ 异或而成。其中参与异或运算的 I_i 和 $S_{2,i}$ 的数量与坐标取决于 C_i 的坐标，也就是说，取决于第二轮置换的结果。然而，第一轮置换是完全由 S_2 决定的。也就是说，在 S_2 保持不变的情况下，对于不同的中间密文图像，第二轮置换和扩散后得到的 C_i 与 I_i 之间的对应关系是固定的。C_i 始终是一些有着固定坐标的 I_i 和 $S_{2,i}$ 的异或运算结果。

进一步地，可以将公式（4.40）代入公式（4.41）。根据异或运算的自反性，即 $X \oplus Y \oplus Y = X$ ，可以消去重复出现的 P_i 和 $S_{1,i}$。

$$C_1 = P_7 \oplus P_5 \oplus P_1 \oplus P_4 \oplus P_6 \oplus S_{1,4} \oplus S_{1,5} \oplus S_{1,6} \oplus S_{1,7} \oplus$$
$$S_{1,8} \oplus S_{2,1}$$
$$C_2 = P_3 \oplus P_9 \oplus P_8 \oplus P_7 \oplus P_5 \oplus P_1 \oplus P_4 \oplus P_6 \oplus S_{1,1} \oplus$$
$$S_{1,2} \oplus S_{1,4} \oplus S_{1,5} \oplus S_{1,6} \oplus S_{1,7} \oplus S_{1,8} \oplus S_{2,1} \oplus S_{2,2}$$
$$C_3 = P_3 \oplus P_7 \oplus P_5 \oplus P_1 \oplus P_4 \oplus P_6 \oplus S_{1,2} \oplus S_{1,4} \oplus S_{1,5} \oplus$$
$$S_{1,6} \oplus S_{1,7} \oplus S_{1,8} \oplus S_{2,1} \oplus S_{2,2} \oplus S_{2,3}$$
$$C_4 = P_2 \oplus P_9 \oplus S_{1,1} \oplus S_{1,3} \oplus S_{1,9} \oplus S_{2,1} \oplus S_{2,2} \oplus S_{2,3} \oplus S_{2,4}$$
$$C_5 = P_1 \oplus P_4 \oplus P_6 \oplus P_3 \oplus P_8 \oplus S_{1,2} \oplus S_{1,4} \oplus S_{1,5} \oplus S_{1,6} \oplus \qquad (4.42)$$
$$S_{1,9} \oplus S_{2,1} \oplus S_{2,2} \oplus S_{2,3} \oplus S_{2,4} \oplus S_{2,5}$$
$$C_6 = P_2 \oplus P_9 \oplus P_1 \oplus S_{1,1} \oplus S_{1,3} \oplus S_{1,6} \oplus S_{1,9} \oplus S_{2,1} \oplus$$
$$S_{2,2} \oplus S_{2,3} \oplus S_{2,4} \oplus S_{2,5} \oplus S_{2,6}$$
$$C_7 = P_6 \oplus P_3 \oplus P_8 \oplus P_1 \oplus S_{1,2} \oplus S_{1,4} \oplus S_{1,6} \oplus S_{1,9} \oplus S_{2,1} \oplus$$
$$S_{2,2} \oplus S_{2,3} \oplus S_{2,4} \oplus S_{2,5} \oplus S_{2,6} \oplus S_{2,7}$$
$$C_8 = P_5 \oplus P_4 \oplus P_2 \oplus P_9 \oplus S_{1,1} \oplus S_{1,3} \oplus S_{1,5} \oplus S_{1,7} \oplus S_{1,9} \oplus$$
$$S_{2,1} \oplus S_{2,2} \oplus S_{2,3} \oplus S_{2,4} \oplus S_{2,5} \oplus S_{2,6} \oplus S_{2,7} \oplus S_{2,8}$$
$$C_9 = P_7 \oplus P_1 \oplus P_6 \oplus P_3 \oplus P_8 \oplus S_{1,2} \oplus S_{1,4} \oplus S_{1,6} \oplus S_{1,8} \oplus$$
$$S_{1,9} \oplus S_{2,1} \oplus S_{2,2} \oplus S_{2,3} \oplus S_{2,4} \oplus S_{2,5} \oplus S_{2,6} \oplus S_{2,7} \oplus S_{2,8} \oplus S_{2,9}$$

最后，可以得到 C_i 与 P_i 之间的对应关系。通过观察，可以发现 C_i 是 P_i、$S_{1,i}$ 和 $S_{2,i}$ 的异或运算结果。由于异或操作的自反性，这些异或操作数不会**重复**出现。而且，不难发现，P_i、$S_{1,i}$ 和 $S_{2,i}$ 的坐标完全由 S_1 和 S_2 决定。因此，可以得出以下结论：

定理 4.1　如果使用 LAS-IES 对大小为 $Q \times W$ 的明文图像 P 进行加密，得到密文图像 C，那么 C 的像素 C_i 的构成完全取决于所使用的混沌矩阵 S_1 和 S_2，而且与 P 无关。

证明　首先证明在中间密文图像 I 到密文图像 C 的转换过程中，密文图像 C 的构成完全由混沌矩阵 S_2 决定。接下来，会证明在从明文图像 P 到中间密文图像 I 的转换过程中，中间密文图像 I 的组成完全由混沌矩阵

S_1 决定。

对于 C_1 的构成，根据公式（4.5），可以知道：

$$C_1 = \bar{I}_1 \oplus \bar{I}_{Q \times W} \oplus S_{2,1} \tag{4.43}$$

其中 $\bar{I}_1$ 和 $\bar{I}_{Q \times W}$ 是 $\bar{I}$ 的第一个像素和最后一个像素，而 $\bar{I}$ 则是根据 S_2 对 I 进行置换后获得的图像。也就是说，$\{\bar{I}_1, \bar{I}_{Q \times W}\} \in I$，但到底是 I 的哪两个像素完全取决于 S_2。因此，经过置换和扩散后，C 中的 C_1 的构成完全取决于 S_2。而对于 C_2 的组成，也可以根据公式（4.5）确定：

$$C_2 = \bar{I}_2 \oplus C_1 \oplus S_{2,2} \tag{4.44}$$

其中 $\bar{I}_2$ 是 $\bar{I}$ 的第二个像素。也就是说，$\bar{I}_2 \in I$，但到底是 I 的哪个像素完全取决于 S_2。此外，前面已经证明了 C_1 的构成完全取决于 S_2。因此，经过置换和扩散后，C 中的 C_2 的构成也完全取决于 S_2。以此类推，可以证明剩余的密文图像像素 C_i $(i = 3, \cdots, Q \times W)$ 的构成也完全取决于 S_2。类似地，可以用相同的方法证明，在从 P 到 I 的转换过程中，I 的构成完全由 S_1 决定，因此定理 4.1 成立。

4.4.2　选择明文攻击算法

假设需要攻击的密文图像 C 的大小为 $(M+2) \times (N+2)$，即需要恢复的明文图像 P 的大小为 $M \times N$。根据本书的第 4.3.5 节，在选择明文攻击条件下，加密选择明文图像时，添加的像素 A_i $(i = 1, 2, \cdots, 2 \times (N+2) + 2 \times M)$ 与加密 P 时所添加的像素一致。

首先，根据定理 4.1 和本书的 4.4.1 节，可以确定 C_i $(i = 1, 2, \cdots, (M+2) \times (N+2))$ 的构成。

$$C_i = P_{a_{i,1}} \oplus \ldots \oplus P_{a_{i,m}} \oplus A_{b_{i,1}} \oplus \ldots \oplus A_{b_{i,n}} \oplus$$
$$S_{1,d_{i,1}} \oplus \ldots \oplus S_{1,d_{i,u}} \oplus S_{2,f_{i,1}} \oplus \ldots \oplus S_{1,f_{i,v}} \tag{4.45}$$

其中 $P_{a_{i,1}}, P_{a_{i,1}}, \ldots, P_{a_{i,m}}$ 为明文图像 P 的 m 个像素，$A_{b_{i,1}}, A_{b_{i,2}}, \ldots, A_{b_{i,n}}$ 为添加的像素 A 的 n 个像素，$S_{1,d_{i,1}}, S_{1,d_{i,2}}, \ldots, S_{1,d_{i,u}}$ 为混沌矩阵 S_1 的 u 个元素，$S_{2,f_{i,1}}, S_{2,f_{i,2}}, \ldots, S_{2,f_{i,v}}$ 为混沌矩阵 S_2 的 v 个元素。m、n、u、v、$\{a_{i,1}, a_{i,2}, \cdots, a_{i,m}\}$、

$\{b_{i,1},b_{i,2},\cdots,b_{i,n}\}$、$\{d_{i,1},d_{i,2},\cdots,d_{i,u}\}$ 和 $\{f_{i,1},f_{i,2},\cdots,f_{i,v}\}$ 的具体取值完全由 S_1、S_2 决定，与 P、A 无关。

然后，选择全部由零值像素构成的特殊明文图像 P^0，其对应的密文图像为 C^0。由于异或操作的性质，即 $X \oplus 0 = X$，C^0 的每个像素的构成如下：

$$C_i^0 = A_{b_{i,1}} \oplus ... \oplus A_{b_{i,n}} \oplus S_{1,d_{i,1}} \oplus ... \oplus S_{1,d_{i,u}} \oplus S_{2,f_{i,1}} \oplus ... \oplus S_{1,f_{i,v}} \qquad (4.46)$$

其中 $C_i^0 (i = 1,2,\cdots,(M+2) \times (N+2))$ 为 C^0 的像素。如果将正在攻击的 C 与 C^0 异或，根据异或的自反性，可以得到它们的差异矩阵 D。

$$D_i = C_i \oplus C_i^0 = P_{a_{i,1}} \oplus ... \oplus P_{a_{i,m}} \qquad (4.47)$$

其中 $D_i (i = 1,2,\cdots,(M+2) \times (N+2))$ 是 D 的元素。

接下来，尝试确定每个 D_i 的具体构成，即确定 $\{a_{i,1},a_{i,2},\cdots,a_{i,m}\}$。一旦确定 $\{a_{i,1},a_{i,2},\cdots,a_{i,m}\}$，就得到了关于明文图像像素 $P_i (i = 1,2,\cdots,M \times N)$ 的 $M \times N$ 元异或方程组。如果再设法求得该方程组的解，那么就可以在不知道任何秘密密钥相关信息的情况下，完全恢复明文图像 P。

将 P^0 的第一个像素的值更改为 1，其他像素保持不变，并将这张新的选择明文图像标记为 $P^{0,1}$。用未知的秘密密钥对 $P^{0,1}$ 进行加密，获得对应的密文图像 $C^{0,1}$。同样地，根据定理 4.1 和第 4.4.1 节，可以确定 $C^{0,1}$ 的具体构成。

$$C_i^{0,1} = \begin{cases} 1 \oplus A_{b_{i,1}} \oplus ... \oplus A_{b_{i,n}} \oplus S_{1,d_{i,1}} \oplus ... \oplus S_{1,d_{i,u}} \oplus \\ S_{2,f_{i,1}} \oplus ... \oplus S_{1,f_{i,v}} \\ \qquad\qquad\qquad or \\ A_{b_{i,1}} \oplus ... \oplus A_{b_{i,n}} \oplus S_{1,d_{i,1}} \oplus ... \oplus S_{1,d_{i,u}} \oplus \\ S_{2,f_{i,1}} \oplus ... \oplus S_{1,f_{i,v}} \end{cases} \qquad (4.48)$$

其中 $C_i^{0,1} (i = 1,2,\cdots,(M+2) \times (N+2))$ 是 $C^{0,1}$ 的像素。如果将 $C^{0,1}$ 与 C^0 异或，根据异或的自反性，可以得到它们的差异矩阵 $D^{0,1}$。

$$D_i^{0,1} = \begin{cases} 1 \\ or \\ 0 \end{cases} \qquad (4.49)$$

其中 $D_i^{0,1}$ $(i = 1,2,\cdots,(M+2) \times (N+2))$ 是 $D^{0,1}$ 的像素。这样一来，就可以根据 $D^{0,1}$ 确定明文图像 P 的第一个像素对正在攻击的密文图像 C 的每一个像素的影响。实际上，也就是确定公式（4.47）中 D_i 的构成是否包含 P_1。如果得到的 $D_i^{0,1}$ 是 1，则对应的 D_i 的异或操作数包含 P_1；如果得到的 $D_i^{0,1}$ 是 0，则对应 D_i 的异或操作数中没有 P_1。类似地，通过选择明文图像 $P^{0,j}$ $(j = 2,\cdots,M \times N)$，其中第 j 个像素的值为 1，其他像素的值均为 0，也可以确定 P 的第 j 个像素对 C 的每个像素的影响。这样一来，就可以确定公式（4.47）中的 D_i 的构成项是否包含 P_j。到目前为止，就得到了关于明文图像像素 P_i $(i = 1,2,\cdots,M \times N)$ 的 $M \times N$ 元异或方程组，如图 4.3 所示。

$$\begin{bmatrix} D_1^{0,1} & D_1^{0,2} & \cdots & D_1^{0,M\times N} \\ D_2^{0,1} & D_2^{0,2} & \cdots & D_2^{0,M\times N} \\ \vdots & \vdots & \vdots & \vdots \\ D_{(M+2)\times(N+2)}^{0,1} & D_{(M+2)\times(N+2)}^{0,2} & \cdots & D_{(M+2)\times(N+2)}^{0,M\times N} \end{bmatrix} \begin{bmatrix} P_1 \\ P_2 \\ \vdots \\ P_{M\times N} \end{bmatrix} = \begin{bmatrix} D_1 \\ D_2 \\ \vdots \\ D_{(M+2)\times(N+2)} \end{bmatrix}$$

图 4.3　通过选择明文攻击获得的 $M \times N$ 元异或方程组

可以看到，该异或方程组包含的方程的数量为 $(M+2) \times (N+2)$，并且其中的每个方程的形式都类似于公式（4.47）。不同之处在于，每个方程中的 $\{a_{i,1},a_{i,2},\cdots,a_{i,m}\}$ 的具体取值已经通过 $M \times N$ 张选择明文图像确定。

最后，再设法求得该 $M \times N$ 元异或方程组的解，从而完全恢复明文图像 P。首先，构造一个二维逻辑值矩阵 CCP，其大小为 $X \times Y$ $(X = (M+2) \times (N+2),Y = M \times N)$，将通过 $M \times N$ 张选定明文图像确定的集合 $\{a_{i,1},a_{i,2},\cdots,a_{i,m}\}$ 存储在其中。事实上，CCP 相当于整个 $M \times N$ 元异或方程组的系数矩阵（Coefficient matrix）。另外，将公式（4.47）中的 D_i 的具体值保存至大小为 $R \times 1$ $(R = (M+2) \times (N+2))$ 的向量 DMV 中。

第二步，对 CCP 的第 i 列 $(i = 1,2,\cdots,(M+2) \times (N+2))$ 进行如下的处理：

① 确定位于第 i 行的矩阵元素 $CCP(i,i)$ 是否为 0。如果 $CCP(i,i)$ 为 0，则向下找到一个非零矩阵元素 $CCP(s,i)$。然后交换 CCP 的这两个行，即 $CCP(i,i) \leftrightarrow CCP(s,i)$。与此同时，交换 DMV 中对应的元素，即 $DMV(i,1) \leftrightarrow DMV(s,1)$。对于新的 $CCP(i,i)$，继续执行下一步中的处理。

② 如果 $CCP(i,i)$ 不为 0, 则判断除 $CCP(i,i)$ 外的第 i 列元素 $CCP(k,i)$ $(k=1,2,\cdots,i-1,i+1,\cdots,(M+2)\times(N+2))$ 是否为 0。如果 $CCP(k,i)$ 为 0, 则继续判断第 i 列的下一个元素是否为 0, 直到判断完所有第 i 列元素; 如果 $CCP(k,i)$ 不为 0, 则在 CCP 的第 k 行和第 i 行之间执行异或操作, 结果保存到第 k 行。与此同时, 对 DMV 中的对应元素也进行类似的处理。

经过上述处理, CCP 的前 $M\times N$ 行会构成一个单位矩阵, 如图 4.4 所示。这样一来, DMV 的前 $M\times N$ 元素 $\{e_1,e_2,\cdots,e_{M\times N}\}$ 的值就分别等于明文图像 P 的 $M\times N$ 个像素的值。到此为止, 已经通过求解异或方程组, 完全恢复了明文图像。

$$
\begin{bmatrix}
1 & 0 & \cdots & 0 \\
0 & 1 & \cdots & 0 \\
\vdots & \vdots & \vdots & \vdots \\
0 & 0 & \cdots & 1 \\
0 & \cdots & \cdots & 0 \\
\vdots & \vdots & \vdots & \vdots \\
0 & \cdots & \cdots & 0
\end{bmatrix}
\begin{bmatrix}
P_1 \\
P_2 \\
\vdots \\
P_{M\times N}
\end{bmatrix}
=
\begin{bmatrix}
e_1 \\
e_2 \\
\vdots \\
e_{M\times N} \\
0 \\
\vdots \\
0
\end{bmatrix}
$$

图 4.4　处理后的 $M\times N$ 元异或方程组

基于以上密码分析, 本书最终实现了如表 4.3 所示的攻击算法。

表 4.3　针对 LAS-IES 的攻击算法

算法 4.3　对 LAS-IES 的攻击算法
输入
需要攻击的密文图像 C。
输出
恢复的明文图像 P。
步骤
1:　根据密文图像 C 确定明文图像 P 的大小 $M\times N$。
2:　$EncryptedAZPI = LASIES\_Encryption(AllZerosPlaintextImage);$
3:　$DiffMatrix = bitxor(C,EncryptedAZPI);$
4:　$DMV = reshape(DiffMatrix',(M+2)*(N+2),1);$
5:　创建包含 $M\times N$ 张选择明文图像的矩阵 CPI。
6:　for $i=1{:}M*N$

算法 4.3　对 LAS-IES 的攻击算法
7:　　　$ECPI(:,:,i) = LASIES\_Encryption(CPI(:,:,i));$
8:　　　$ECPI(:,:,i) = bitxor(ECPI(:,:,i),EZM);$
9:　　　$CCP(:,i) = reshape(ECPM(:,:,i)',(M+2)*(N+2),1);$
10: end
11: for $i = 1:M*N$
12:　　　if $CCP(i,i) = = 0$
13:　　　　　for $s = i:(M+2)*(N+2)$
14:　　　　　　　if $CCP(s,i)$
15:　　　　　　　　$CCP(i,i) \leftrightarrow CCP(s,i)$
16:　　　　　　　　$DMV(i,1) \leftrightarrow DMV(s,1)$
17:　　　　　　　　　break;
18:　　　　　　　end
19:　　　　　end
20:　　　end
21:　　　for $k = 1:i\text{-}1$
22:　　　　　$CCP(k,i)$ 为 0 则直接进入下一次循环。
23:　　　　　$CCP(k,:) = bitxor(CCP(i,:),CCP(k,:));$
24:　　　　　$DMV(k,1) = bitxor(DMV(i,1), DMV(k,1));$
25:　　　end
26:　　　for $k = i\text{+}1:(M+2)*(N+2)$
27:　　　　　$CCP(k,i)$ 为 0 则直接进入下一次循环。
28:　　　　　$CCP(k,:) = bitxor(CCP(i,:),CCP(k,:));$
29:　　　　　$DMV(k,1) = bitxor(DMV(i,1), DMV(k,1));$
30:　　　end
31: end
32: $P = reshape(DMV(1:M*N,:),M,N);$

4.5　模拟测试

为了验证上面所提出的攻击算法的有效性和可行性，下面的仿真测试使用了许多不同大小和内容的密文图像。这些密文图像都是用 LAS-IES 对密文图像进行加密得到的。在模拟测试中，使用的软硬件为 Intel (R) Pentium (R) CPU G3260 @ 3.30 GHz、8 GB RAM、64 位 Windows 7 Ultimate 以及 MATLAB R2017a(9.2.0.538062)。为了确保模拟测试不失一般性，使用在密钥空间中随机选取的秘密密钥对上面算法进行了上百次测试。无一例外，算法都成功地恢复了明文图像。对于每一个随机选择的秘密密钥，都进行如下测试：

① 使用秘密密钥对大小为 64×64 的灰度图像 Lena、Pepper 和 Baboon 进行加密，以便得到大小为 66×66 的密文图像。

② 使用前面提出的攻击算法对 Lena 密文图像进行攻击。在恢复明文图像的同时，保存攻击过程中获得的异或方程组系数矩阵 CCP。

③ 使用上一步中保存的 CCP 攻击 Peppers 和 Baboon 密文图像，从而恢复明文图像。

对于大小为 128×128 的灰度图像，算法采用相同的方法进行了攻击测试。在成功完成大量攻击测试之后，还保存了如表 4.4 所示的测试结果。从表 4.4 可以看出，对于随机选取的秘密密钥和不同大小与内容的密文图像，上面提出的攻击算法都可以在不知道秘密密钥的情况下完全恢复明文图像。因此，提出的攻击算法是有效的。另外，根据第 4.4.2 节可知，攻击算法主要由两部分组成，即构造异或方程组以及求解异或方程组。

对于异或方程组的构造，攻击算法需要对 $M×N+1$ 张选择明文图像进行加密。由于 LAS-IES 对明文图像是逐像素加密，时间复杂性为 $O((M×N))$，因此对这些选定明文图像进行加密的时间复杂性为 $O((M×N)^2)$。而在获得方程组系数矩阵的过程中，每获得一列系数，都需要对两张密文图像中的两个对应像素进行异或操作，即需要进行 $(M+2)×(N+2)$ 次异或操作。而需要确定的系数共有 $M×N$ 列，因此构建异或方程组的时间复杂性为 $O((M×N)^2)$。

对于异或方程组的求解，攻击算法需要处理系数矩阵的 $M×N$ 个列。而每一列则都需要处理 $(M+2)×(N+2)-1$ 个矩阵元素。另外，在处理每个非零矩阵元素时，攻击算法需要执行 $(M+2)×(N+2)+1$ 次异或运算，所以求解异或方程组的时间复杂性为 $O((M×N)^3)$。综上所述，上面提出的攻击算法的时间复杂性为 $O((M×N)^3)$，因此该攻击算法在计算上是可行的，模拟测试结果也证明了这一点。在这些测试中，只需要大约 90 秒和 2000 秒就可以恢复大小为 64×64 和 128×128 的明文图像。因此，对于较大的密文图像，可以通过视需要提高单个计算单元的计算能力、增加计算单元的数量，以及并行化计算过程，将恢复明文图像所需的时长缩短至合理的水平。

表 4.4 攻击算法测试结果

明文图像	明文图像大小	密文图像	构建异或方程组（平均值）	求解异或方程组（平均值）	恢复的明文图像
	64×64		35.5213 秒	54.2616 秒	
	64×64		0 秒	53.9282 秒	
	64×64		0 秒	53.4520 秒	
	128×128		492.3134 秒	1481.3513 秒	
	128×128		0 秒	1498.7123 秒	
	128×128		0 秒	1502.4236 秒	

4.6 更多的改进

针对混沌矩阵生成、混沌系统参数生成和置换过程中存在的问题，在第4.3.2 节、第 4.3.3 节和第 4.3.4 节进行了改进。事实上，对于等价秘密密钥、随机值像素插入和密钥流保持不变的问题，可以进一步进行以下的改进。

（1）对于存在等价秘密密钥问题，应尽可能简化利用秘密密钥生成混沌系统参数的过程。也就是说，应该进行一对一的转换，而不是多对一的转换。这实际上可以通过转换过程的可逆性来检查。如果经过逆过程的处理，混沌系统参数不能转化为唯一的秘密密钥，则需要重新考虑设计的合理性。此外，混沌序列的使用也应该多样化，以避免弱密钥的问题。

（2）在设计混沌图像加密算法时，应该始终关注加密过程中的所有步骤是否符合密码系统的设计原则，例如柯克霍夫原则[59, 77, 150]。对于随机像素值的问题，可以通过插入由加密算法生成的与明文图像相关的像素来解决。此外，还应该减少插入的像素的数量，以避免过高的计算和通信开销[78, 80]。

（3）如果加密算法在加密不同的明文图像时密钥流保持不变，那么它很容易被选择明文攻击破解[94-95, 108-110]。因此，可以考虑采用适当的方法，例如计算明文图像散列值或者统计明文图像的特征，将这些与明文图像相关的信息整合到混沌系统参数的生成过程中。这样一来，就可以做到使用不同的密钥流对不同的明文图像进行加密和解密，从而确保更高的安全性。

4.7　本章小结

本章对 LAS-IES 进行了全面的分析和研究，指出了其中存在的一些问题。在指出这些问题的同时，本章也对该加密算法的混沌矩阵生成、混沌系统参数生成和置换过程进行了改进。另外，基于第 4.3.5 节的分析，即在选择明文攻击条件下，本章对 LAS-IES 进行了密码分析，并且发现通过 $M \times N+1$ 张选择明文图像可以获得关于明文图像的 $M \times N$ 元异或方程组。紧接着，本章还提出了构造和求解异或方程组的具体攻击算法。第 4.5 节还对所提出的攻击算法进行了大量的模拟测试。测试结果和相关分析表明，该攻击算法具有可行性，可以在不知道任何秘密密钥相关信息的情况下完全恢复明文图像。最后，针对等价密钥、随机像素值插入和密钥流保持不变的问题，本章提出了进一步改进建议。在未来，本书作者将进一步实现这些改进，从而提出经过全面改进的混沌图像加密算法，并从理论分析和测试数据两个方面证明加密算法的安全性、可行性和实用性。

第 5 章

基于离散对数和忆阻混沌系统的
图像加密算法

5.1　引　言

为了有效抵御近年来密码分析文献中引入的各种明文攻击[57-58, 60-65, 70, 74, 76, 80-84, 90, 92, 94-95, 110, 141, 152-159, 161-162, 165]，本章提出了一种基于离散对数和忆阻混沌系统的改进型图像加密算法。在本章中，首先利用忆阻混沌序列的离散对数和混淆操作实现了图像的置换，然后使用中间密文像素的离散对数和忆阻混沌序列实现了正向扩散和反向扩散。由于本章所采用的有限乘法群拥有多达 128 个生成元，因此，采用秘密密钥和明文图像的 SHA256（Secure Hash Algorithm 256）散列值来确定生成元，这不仅可以扩大密钥空间，还可以增强加密算法抵御明文攻击的能力。模拟测试结果和对比分析表明，该加密算法不仅安全、有效，而且具有很高的实用价值。

5.2　预备知识

本节将简要介绍本章所提出的混沌图像加密算法中将会使用的忆阻混沌系统和离散对数。

5.2.1　忆阻混沌系统

考虑基于广义忆阻器 $\dot{x}=y$，$\dot{y}=(x^2-2)y$ 的 Jerk 混沌系统[207]，如下所示：

$$\begin{cases} \dot{x}=y \\ \dot{y}=dz \\ \dot{z}=-az+bx-cx^3+kr \end{cases} \tag{5.1}$$

取决于系统参数和初始值，该 Jerk 系统会表现出非常复杂的动力学特性，因此该系统非常适合用于图像加密[207]。当控制参数 $a=0.5$、$b=0.8$、$c=0.6$、$d=3$、$k=1$ 时，可以得出 3 个李雅普诺夫指数为 0.165274、0、-0.662735，因此该系统处于混沌状态。

本章所提出的图像加密算法会利用四阶龙格库塔方法（Fourth order

Runge Kutta method）[16, 17, 22]对忆阻混沌系统进行离散化，从而获得浮点数形式的系统状态值，并进一步使用以下公式将浮点数转化为整数。

$$s_{1_i} = \mathrm{mod}\Big(floor((abs(x_{i+t}) - floor(abs(x_{i+t}))) \times 10^{15}), M\Big) + 1 \quad （5.2）$$

$$s_{2i} = \mathrm{mod}\Big(floor((abs(y_{i+t}) - floor(abs(y_{i+t}))) \times 10^{15}), N\Big) + 1 \quad （5.3）$$

$$s_{3i} = \mathrm{mod}\Big(floor((abs(z_{i+t}) - floor(abs(z_{i+t}))) \times 10^{15}), 256\Big) + 1 \quad （5.4）$$

其中 $i = 1, 2, \cdots, M \times N$，$M$ 和 N 分别为明文图像的宽度和高度；t 值会被设置为 1000，这意味着忆阻混沌系统产生的前 1000 个状态值会被舍弃，以便避免过渡效应；x_{i+t}、y_{i+t}、z_{i+t} 是初始值为 (x_0, y_0, z_0) 的忆阻混沌系统产生的状态值；$\mathrm{mod}(A, B)$ 为 $A \bmod B$；$floor(\bullet)$ 表示向下舍入操作；$abs(\bullet)$ 返回操作数的绝对值；而得到的整数序列 s_1、s_2、s_3 将用于本章所提出的图像加密算法的置换过程。

同样地，可以按如下公式得到将会在扩散过程中使用的整数序列 s_4、s_5、s_6：

$$s_{4_i} = \mathrm{mod}\Big(floor((abs(\bar{x}_{i+t}) - floor(abs(\bar{x}_{i+t}))) \times 10^{15}), 256\Big) + 1 \quad （5.5）$$

$$s_{5i} = \mathrm{mod}\Big(floor((abs(\bar{y}_{i+t}) - floor(abs(\bar{y}_{i+t}))) \times 10^{15}), 256\Big) + 1 \quad （5.6）$$

$$s_{6i} = \mathrm{mod}\Big(floor((abs(\bar{z}_{i+t}) - floor(abs(\bar{z}_{i+t}))) \times 10^{15}), 256\Big) + 1 \quad （5.7）$$

其中 $i = 1, 2, \cdots, M \times N$；$M$ 和 N 分别为明文图像的宽度和高度；t 值会被设置为 1000；$\bar{x}_{i+t}, \bar{y}_{i+t}, \bar{z}_{i+t}$ 是初始值为 $(\bar{x}_0, \bar{y}_0, \bar{z}_0)$ 的忆阻混沌系统产生的状态值；此外，由于计算机的数据表示精度有限，混沌系统的状态值经过一定次数的迭代后会进入周期状态[63]。因此，本章所提出的图像加密算法会周期性地扰动忆阻混沌系统的状态值。

$$x_T = x_T + \mathrm{q} \times \sin y_T \quad （5.8）$$

其中 T 是扰动周期，q 是一个很小的常数值。

5.2.2　离散对数

对于素数 p 和有限乘法群 Z_p^*，给定生成元 $\alpha \in Z_p^*$ 和整数 $\beta \in Z_p^*$，如果

可以找到 $x \in Z_p^*$ 满足 $\beta = \alpha^x \bmod p$，那么称 x 为 β 的离散对数，记为 $x = \log_\alpha \beta^{[190]}$。如无特别说明，本章所描述的对数都是离散对数。在本章所提出的图像加密算法中，选择的是素数 257 和有限乘法群 $Z_{257}^* = \{1, 2, \cdots, 256\}$。该乘法群拥有 128 个生成元，如表 5.1 所示。

表 5.1　有限乘法群的 128 个生成元

3	5	6	7	10	12	14	19	20	24	27	28	33	37	38	39
40	41	43	45	47	48	51	53	54	55	56	63	65	66	69	71
74	75	76	77	78	80	82	83	85	86	87	90	91	93	94	96
97	101	102	103	105	106	107	108	109	110	112	115	119	125	126	127
130	131	132	138	142	145	147	148	149	150	151	152	154	155	156	160
161	163	164	166	167	170	171	172	174	175	177	179	180	181	182	183
186	188	191	192	194	201	202	203	204	206	209	210	212	214	216	217
218	219	220	224	229	230	233	237	238	243	245	247	250	251	252	254

接下来，计算不同生成元下每个 $\beta \in Z_{257}^*$ 的离散对数，并将结果存储在二维数组 $D_{i,j}$ 中，其中 $i = 1, 2, \cdots, 128$ 对应 128 个生成元的索引。例如，$i = 4$ 表示计算 $\beta \in Z_{257}^*$ 的离散对数时采用生成元 4；$j = 1, 2, \cdots, 256$ 对应需要计算其离散对数的 β 值。因此，$D_{4,113}$ 表示使用生成元 4 计算 113 的离散对数，即通过计算 $\log_4 113$ 得到 58。在实现图像加密算法时，实际上不需要进行复杂的离散对数计算，只需确定 β 和生成元 α，然后对事先计算好的二维数组 $D_{i,j}$ 进行寻址即可。在本章所提出的图像加密算法中，将会使用 4 个生成元，即 g_x、g_y、g_z 和 g_w。

5.3　提出的混沌图像加密算法

本章所提出的图像加密算法主要由三部分组成。首先，通过明文图像的散列值和秘密密钥生成加密过程中需要使用的忆阻混沌系统的初始值、生成元以及 C_0'；接着，基于离散对数和混沌序列执行置换过程；最后，基于离散对数和混沌序列执行正向扩散和反向扩散。接下来，将对这三个部分进行详细说明。

5.3.1 初始值和相关参数

由第 2 章、第 3 章、第 4 章的内容可以看出，混沌系统的初始值或者加密过程必须与明文图像相关联，否则很难抵御明文攻击。众所周知，SHA256 算法对输入非常敏感，即使是差别很小的输入图像，经过该算法的处理，也会产生完全不同的 256 位散列值。例如，大小为 512×512 的灰度图像 Lena 的 SHA256 散列值为：

9c5383cef72d87de46458eefc6f91f9c924d273f50cd967c8daf77e01ea16b84

随机选取该图像中的一个像素，并将该像素的灰度值加 1，则会得到完全不同的散列值，如表 5.2 所示。

表 5.2　将一个像素的灰度值加 1 产生的散列值变化

图像	SHA256 散列值
Lena	9c5383cef72d87de46458eefc6f91f9c 924d273f50cd967c8daf77e01ea16b84
(165,426) 处的像素灰度值加 1	472680c2b04e663f9d896fbbca3cdd9c 8312504812a98b05b69825c7f54c4270
(174,299) 处的像素灰度值加 1	204217eda9272eb2e32fd4f9d75f9554 870601f5e972155ea025d09cb2960f2f
(223,384) 处的像素灰度值加 1	cf14bc997e34d897748c49f96ba30c93 a1ed0ee659c6db2de141236183cc5b7f
(315,41) 处的像素灰度值加 1	51c4f8080018fd34dbb4f507379f2e62 b352dc3ab5faf8284a5bd05e7c3a3910

因此，在 DLM-IE 中，明文图像的 SHA256 散列值会被用来确定加密过程中使用的忆阻混沌系统的初始值以及 2 个生成元 g_x 和 g_z。本章将 SHA 散列值的 256 个位从左到右分成 32 个字节，并将每个字节的值表示为 $k_1, k_2, \cdots, k_{32}$。为了提高明文相关性和明文敏感性，本章加密算法采用这 32 个值来确定忆阻混沌系统的初始值、两个离散对数生成元和 C_0'。

$$x_0 = x_0' + \mathrm{mod}((k_1 \oplus k_2 + k_3 \times k_4 + k_5 \oplus \\ k_6 + k_7 \times k_8 + k_9 \oplus k_{10} + k_{11} \times k_{12}), 256) \times 10^{-15} \quad (5.9)$$

$$y_0 = y'_0 + \text{mod}((k_{13} \oplus k_{14} + k_{15} \times k_{16} + k_{17} \oplus \\ k_{18} + k_{19} \times k_{20} + k_{21} \oplus k_{22}), 256) \times 10^{-15} \tag{5.10}$$

$$z_0 = z'_0 + \text{mod}((k_{23} \oplus k_{24} + k_{25} \times k_{26} + k_{27} \oplus \\ k_{28} + k_{29} \times k_{30} + k_{31} \oplus k_{32}), 256) \times 10^{-15} \tag{5.11}$$

公式（5.9）至公式（5.11）用于确定在置换过程中使用的忆阻混沌系统的初始值 x_0、y_0 和 z_0。取 x'_0、y'_0、z'_0，使得 $x_0 \in [-1.8, 1.8]$、$y_0 \in [-0.2, 0.2]$、$z_0 \in [-0.4, 1.4]$。

$$\overline{x_0} = \overline{x'_0} + \text{mod}((k_1 \times k_2 + k_3 \oplus k_4 + k_5 \times \\ k_6 + k_7 \oplus k_8 + k_9 \times k_{10} + k_{11} \oplus k_{12}), 256) \times 10^{-15} \tag{5.12}$$

$$\overline{y_0} = \overline{y'_0} + \text{mod}((k_{13} \times k_{14} + k_{15} \oplus k_{16} + k_{17} \times \\ k_{18} + k_{19} \oplus k_{20} + k_{21} \times k_{22}), 256) \times 10^{-15} \tag{5.13}$$

$$\overline{z_0} = \overline{z'_0} + \text{mod}((k_{23} \times k_{24} + k_{25} \oplus k_{26} + k_{27} \times \\ k_{28} + k_{29} \oplus k_{30} + k_{31} \times k_{32}), 256) \times 10^{-15} \tag{5.14}$$

公式（5.12）至公式（5.14）用于确定在扩散过程中使用的忆阻混沌系统的初始值 $\overline{x_0}$、$\overline{y_0}$ 和 $\overline{z_0}$。取 $\overline{x'_0}$、$\overline{y'_0}$、$\overline{z'_0}$，使得 $\overline{x_0} \in [-1.8, 1.8]$、$\overline{y_0} \in [-0.2, 0.2]$、$\overline{z_0} \in [-0.4, 1.4]$。

$$g_x = \text{mod}((k_3 \oplus k_6 \oplus k_9 \dots \oplus k_{30}), 128) + 1 \tag{5.15}$$

$$g_z = \text{mod}((k_4 \oplus k_7 \oplus k_{10} \dots \oplus k_{31}), 128) + 1 \tag{5.16}$$

$$C'_0 = \text{mod}((k_5 \oplus k_8 \oplus k_{11} \dots \oplus k_{32}), 256) \tag{5.17}$$

公式（5.15）至公式（5.17）用于确定在置换过程和扩散过程中使用的 C'_0 和两个生成元 g_x、g_z。

5.3.2　基于离散对数的置换过程

DLM-IE 的置换过程如下所示：

$$x' = \text{mod}\left((s_{1i} + \log_{g_x} s_{1i}), M\right) + 1 \tag{5.18}$$

$$y' = \text{mod}\left((s_{2i} + \log_{g_y} s_{2i}), N\right) + 1 \tag{5.19}$$

$$P'(x, y) = \text{mod}(P(x', y') + \log_{g_z} s_{3i} \times \log_{g_w} s_{3i}, 256) \tag{5.20}$$

$$P'(x', y') = \text{mod}(P(x, y) + \log_{g_z} s_{3i} + \log_{g_w} s_{3i}, 256) \tag{5.21}$$

其中 $i = 1,2,\cdots,M \times N$；$M$ 和 N 分别为明文图像的宽度和高度；$x = 1,2,\cdots,M$；$y = 1,2,\cdots,N$；整数序列 s_1、s_2、s_3 来自公式（5.2）至公式（5.4）；根据公式（5.20）和公式（5.21），可以同时对明文图像 P 进行混淆。因为像素值没有变化，纯置换的加密算法很容易被明文攻击破解[104-107]。因此，为了提高置换过程的安全性，本章加密算法在置换过程中引入了混淆，即同时改变像素的位置和像素值。因此，一些密码分析文献[57-58, 60-65]中提出的明文攻击方法将不再有效。

5.3.3　基于离散对数的双向扩散过程

首先，经过置换和混淆的图像 P' 会被拉伸成一维序列。

$$P'(i, j) \rightarrow \overline{P}(u) \tag{5.22}$$

其中，$i = 1,2,\cdots,M$；$j = 1,2,\cdots,N$；$u = 1,2,\cdots,M \times N$。然后一维序列中的像素会被正向扩散。

$$C'_1 = (\log_{g_x} C'_0 + s_{4_1} + C'_0 + \log_{g_y} s_{5_1}) \oplus \overline{P}_1 \tag{5.23}$$

$$C'_u = (\log_{g_x} C'_{u-1} + s_{4_u} + C'_{u-1} + \log_{g_y} s_{5_u}) \oplus \overline{P}_u \tag{5.24}$$

其中 $u = 2,3,\cdots,M \times N$；$C'_1$ 和 C'_u 是通过正向扩散得到的中间密文像素；整数序列 s_4 和 s_5 来自公式（5.5）和公式（5.6）；C'_0 来自公式（5.17）。因为 C'_0 和 C'_{u-1} 属于 $\{0,1,\cdots,255\}$，而有限乘法群 $Z^*_{257} = \{1,2,\cdots,256\}$，因此，当 C'_0 和 C'_{u-1} 等于 0 时，用 256 进行替代。

最后，对中间密文图像 C' 进行反向扩散。

$$C_{M \times N} = (\log_{g_z} C'_0 \times s_{5_{M \times N}} + C'_0 \times \log_{g_w} s_{6_{M \times N}}) \oplus C'_{M \times N} \tag{5.25}$$

$$C_u = (\log_{g_z} C_{u+1} \times s_{5_u} + C_{u+1} \times \log_{g_w} s_{6_u}) \oplus C'_u \tag{5.26}$$

其中 $u = M \times N - 1, M \times N - 2, \cdots, 1$；$C_u$ 和 $C_{M \times N}$ 是通过反向扩散得到的最终密文像素；整数序列 s_5 和 s_6 来自公式（5.6）和公式（5.7）；C'_0 来自公式（5.17）。可以看出，本章加密算法在正向扩散和反向扩散中都引入了离散对数。与模运算、模乘和异或等运算相比，离散对数可以提高扩散过程的非线性和复杂性。另外，因为充分考虑了大量密文分析文献[57-58, 60-65, 70, 74, 76, 80-84, 90, 92, 94-95,

110, 141, 152-159, 161-162, 165]中所采用的明文攻击以及其他的常见攻击,本章加密算法的扩散过程设计得更为合理,不会在这些攻击下退化或被简化。

5.3.4 加密算法的主要步骤

（1）确定有限乘法群 $Z_{257}^* = \{1, 2, \cdots, 256\}$ 的 128 个生成元，计算每个 $\beta \in Z_{257}^*$ 在不同生成元下的离散对数，并将结果保存至二维数组 $D_{i,j}$。

（2）设置忆阻混沌系统的控制参数以及秘密密钥 x_0'、y_0'、z_0'、$\overline{x_0'}$、$\overline{y_0'}$、$\overline{z_0'}$、g_y、g_w，计算明文图像的 SHA256 散列值，然后确定 x_0、y_0、z_0、$\overline{x_0}$、$\overline{y_0}$、$\overline{z_0}$，以及 g_x、g_z、C_0'。并设置忆阻混沌系统的扰动周期 T 和扰动常数 q。

（3）同时对明文图像 P 进行置换和混淆，得到 P'，然后将其拉伸成一维序列 $\overline{P}$。

（4）对一维序列 $\overline{P}$ 进行正向扩散，得到中间密文像素序列 C'。

（5）对中间密文像素序列 C' 进行反向扩散,得到最终密文像素序列 C。

（6）将一维序列 C 重整为二维密文图像。

解密算法是加密算法的逆过程，在此不再重复。为了更直观地展示本章算法的特点，本章还提供了如图 5.1 所示的算法流程图。可以看到，图 5.1 显示的加密过程进行了 2 轮迭代。也就是说，为了确保更高的安全性，在实现 DLM-IE 时，至少需要对置换和扩散过程进行 2 轮的迭代[88-89]。

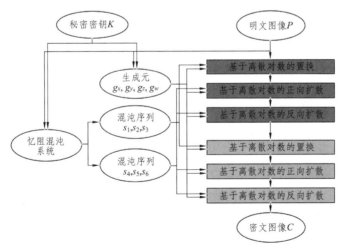

图 5.1 DLM-IE 的加密过程

5.4 模拟测试和分析

对 DLM-IE 的模拟测试基于以下软件平台和计算机配置。软件平台：
64 位 Windows 7 旗舰版操作系统、Matlab R2017a (9.2.0.538062)；计算机
配置：Intel Pentium CPU G3260 3.30 GHz、8 GB 内存。采用的忆阻混沌系
统控制参数为 $a = 0.5$、$b = 0.8$、$c = 0.6$、$d = 3$、$k = 1$。扰动周期为 $T = 1000$，
扰动常数为 $q = 0.002$。秘密密钥从密钥空间中随机选取。在模拟测试中对
大小为 512×512 的不同内容的灰度图像进行了加密和解密，如图 5.2 所示。
从图 5.2 可以看出，密文图像与噪声相似，攻击者无法从中获取有用的信
息。当使用正确的秘密密钥进行解密时，获得的解密图像与明文图像完全
相同，没有任何的信息损失。接下来，将对 DLM-IE 进行安全性和性能分
析，并将测试结果与一些最新的混沌图像加密算法[96-101]进行比较。

（a）灰度图像 Lena

（b）（a）的加密图像

（c）（b）的解密图像

（d）灰度图像 Baboon

（e）（d）的加密图像

（f）（e）的解密图像

（g）灰度图像 Peppers

（h）（g）的加密图像

（i）（h）的解密图像

（j）灰度图像 Airfield

（k）（j）的加密图像

（l）（k）的解密图像

图 5.2 不同内容图像的加密图像和解密图像

5.4.1　密钥敏感性分析

一个安全的图像加密算法必须对秘密密钥高度敏感。本章利用灰度图像 Lena 来进行密钥敏感性测试，具体而言，使用像素变化率（Number of Pixels Change Rate，NPCR）和归一化平均变化强度（Unified Average Change Intensity，UACI）来度量秘密密钥的微小变化对密文图像的影响。

$$\begin{cases} NPCR = \dfrac{1}{M \times N} \sum_{i,j} D(i,j) \times 100\% \\ D(i,j) = \begin{cases} 1, C_1(i,j) = C_2(i,j) \\ 0, C_1(i,j) \neq C_2(i,j) \end{cases} \end{cases} \qquad (5.27)$$

$$UACI = \dfrac{1}{M \times N} \left[\sum_{i,j} \dfrac{|C_1(i,j) - C_2(i,j)|}{255} \times 100\% \right] \qquad (5.28)$$

（1）加密过程中的密钥敏感性。

用随机选取的秘密密钥对明文图像 Lena 进行加密。然后分别对 x_0'、y_0'、z_0'、$\overline{x_0'}$、$\overline{y_0'}$、$\overline{z_0'}$ 进行 $+10^{-15}$ 的最小调整，对 g_y、g_w 进行 $+1$ 的最小调整。这些经过微调的秘密密钥会被用于加密相同的明文图像。原始密文图像与通过微调密钥获得的密文图像之间的 UPCR 和 UACI 值如表 5.3 所示。

表 5.3　原始密文图像和变化后的密文图像之间的 UPCR 和 UACI 值

密文图像	NPCR	UACI
$x_0' = x_0' + 10^{-15}$	99.6063%	33.4612%
$y_0' = y_0' + 10^{-15}$	99.6096%	33.4639%
$z_0' = z_0' + 10^{-15}$	99.6091%	33.4590%
$\overline{x_0'} = \overline{x_0'} + 10^{-15}$	99.6092%	33.4672%
$\overline{y_0'} = \overline{y_0'} + 10^{-15}$	99.6078%	33.4637%
$\overline{z_0'} = \overline{z_0'} + 10^{-15}$	99.6076%	33.4703%
$g_y = g_y + 1$	99.6085%	33.4605%
$g_w = g_w + 1$	99.6086%	33.4646%
理想值	99.6094%	33.4635%

由上表可以看出，原始密文图像与微调密文图像之间的差异非常接近于随机图像的差异理论值。对于加密过程中的密钥敏感性，从以上测试结果可以看出，本章加密算法总体上与文献[97]相当，略优于文献[98-101]，优于文献[96]。因此，该加密算法在加密过程中具有极佳的密钥敏感性。

（2）解密过程中的密钥敏感性。

用随机选取的秘密密钥对明文图像 Lena 进行加密。然后分别对 x_0'、y_0'、z_0'、$\overline{x_0'}$、$\overline{y_0'}$、$\overline{z_0'}$ 进行 $+10^{-15}$ 的最小调整，对 g_y、g_w 进行 $+1$ 的最小调整。使用原始秘密密钥和经过微调的秘密密钥分别解密原始密文图像。根据测试结果，使用原始秘密密钥可以获得不丢失任何信息的解密图像，而使用经过微调的秘密密钥获得的解密图像与噪声相似，攻击者无法从中获取任何有价值的信息。

不仅如此，下面也计算出了使用原始秘密密钥和微调秘密密钥获得的解密图像之间的 UPCR 和 UACI 值，如表 5.4 所示。

表 5.4　正确解密图像和错误解密图像之间的 UPCR 和 UACI 值

解密图像	NPCR	UACI
$x_0' = x_0' + 10^{-15}$	99.6064%	28.6237%
$y_0' = y_0' + 10^{-15}$	99.6080%	28.6267%
$z_0' = z_0' + 10^{-15}$	99.6069%	28.6246%
$\overline{x_0'} = \overline{x_0'} + 10^{-15}$	99.6066%	28.6382%
$\overline{y_0'} = \overline{y_0'} + 10^{-15}$	99.6056%	28.6316%
$\overline{z_0'} = \overline{z_0'} + 10^{-15}$	99.6082%	28.6114%
$g_y = g_y + 1$	99.6096%	28.6178%
$g_w = g_w + 1$	99.6066%	28.6113%
理想值	99.6094%	28.6242%

由上表可以看出，原始秘密解密图像与微调解密图像之间的差异非常接近于随机图像的差异理论值。对于解密过程中的密钥敏感性，从以上测试结果可以看出，本章算法总体上与文献[97]相当，略优于文献[98-100]，

优于文献[96]和[101]。因此，本章算法在解密过程中也具有极佳的密钥敏感性。

5.4.2　密钥空间分析

一个安全的加密算法应具有较大的密钥空间，以便能有效抵抗暴力攻击 [59, 79, 102]，加密算法的密钥空间一般应大于 2^{128}。在本章所提出的图像加密算法中，置换和扩散过程中使用了不同的混沌系统初始值，因此该算法的秘密密钥包括 x_0'、y_0'、z_0'、$\overline{x_0'}$、$\overline{y_0'}$、$\overline{z_0'}$、g_y、g_w。DLM-IE 将忆阻混沌系统初始值的步长设置为 10^{-15}，因此可以确定其密钥空间为 $S = 1.1008 \times 10^{95}$，等价的二进制密钥长度为 $L = \log_2 S \approx 315$。因此，暴力攻击对于本章加密算法是不可行的[59, 79, 102]。表 5.5 给出了 DLM-IE 与一些最新混沌图像加密算法的密钥空间大小。

表 5.5　DLM-IE 与参考算法的密钥空间比较

算法	文献[96]	文献[98]	文献[99]	文献[100]	文献[101]	DLM-IE
密钥空间	2^{187}	2^{279}（10^{84}）	2^{199}	2^{227}	2^{232}（10^{70}）	2^{315}（10^{95}）

5.4.3　直方图分析

一个安全的图像加密算法应该能消除明文图像的分布特征，即密文图像像素值分布的直方图应该是接近平直的。图 5.3 展示了明文图像 Lena、Baboon、pepper 及其对应密文图像的像素值分布直方图。从图 5.3 可以看出，明文图像的像素值分布极不均匀，而密文图像的像素值分布则非常均匀，因此 DLM-IE 能有效抵御统计攻击。

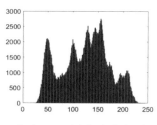

（a）Lena 图像的直方图

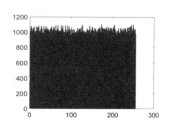

（b）Lena 密文图像的直方图

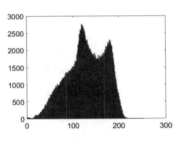
（c）Baboon 图像的直方图

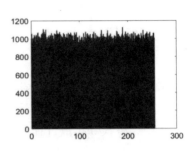
（d）Baboon 密文图像直方图

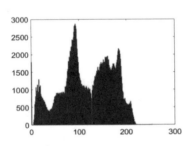
（e）Peppers 图像的直方图

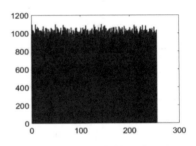
（f）Peppers 密文图像直方图

图 5.3　明文图像及其密文图像的像素值分布直方图

5.4.4　相邻像素关联性分析

毫无疑问，明文图像的相邻像素之间具有高度的关联性，因此一个安全的加密算法应该能够降低甚至完全消除这种关联性。如果从密文图像中选取一对相邻像素点，将其灰度值表示为(x,y)，则这 2 个像素点之间的关联系数为：

$$r_{xy} = \frac{E((x-E(x))(y-E(y)))}{\sqrt{D(x)D(y)}} \qquad （5.29）$$

在公式（5.29）中，$E(x)$和 $D(x)$分别为灰度值 x 的期望和方差。这里从每张图像中选取 5000 对相邻像素，并计算水平方向、垂直方向、对角方向和反对角方向的关联系数，具体测试数据如图 5.4 和表 5.6 所示。

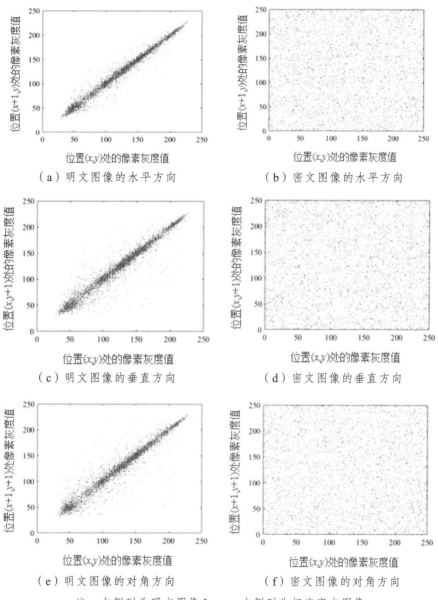

（a）明文图像的水平方向　　　　　（b）密文图像的水平方向

（c）明文图像的垂直方向　　　　　（d）密文图像的垂直方向

（e）明文图像的对角方向　　　　　（f）密文图像的对角方向

注：左侧列为明文图像 Lena，右侧列为相应密文图像

图 5.4　相邻像素关联分布图

　　从图 5.4 可以看出，明文图像在各个方向上的相邻像素关联性都很高，而经过 DLM-IE 的加密，密文图像在各个方向上的相邻像素关联性极低。

这点从表 5.6 也可以看出。

表 5.6   明文图像和密文图像在不同方向上的关联系数

图像	关联系数			
	水平	垂直	对角	反对角
Lena 明文图像	0.9854	0.9685	0.9572	0.9731
Lena 密文图像	− 0.0057	− 0.0049	0.0023	− 0.0008
Baboon 明文图像	0.7485	0.8616	0.7285	0.7300
Baboon 密文图像	0.0056	− 0.0026	0.0044	− 0.0022
Peppers 明文图像	0.9671	0.9737	0.9399	0.9434
Peppers 密文图像	0.0059	− 0.0049	− 0.0010	− 0.0052
Airfield 明文图像	0.9412	0.9388	0.9112	0.9099
Airfield 密文图像	− 0.0043	− 0.0057	− 0.0072	− 0.0022

就密文图像在各个方向上的相邻像素关联性而言，从测试结果可以看出，DLM-IE 明显优于文献[96-98]，如表 5.7 所示。

表 5.7   DLM-IE 与参考算法之间的密文图像关联系数比较

算法	关联系数		
	水平	垂直	对角
DLM-IE	− 0.0057	− 0.0049	0.0023
文献[96]	0.4968	0.4938	0.0480
文献[97]	− 0.0246	− 0.0226	− 0.0193
文献[98]	0.0925	0.0430	0.0533

5.4.5   信息熵

信息熵能有效度量信息源的随机性，其定义为：

$$H(m) = \sum_{i=0}^{M-1} p(m_i) \log \frac{1}{p(m_i)} \tag{5.30}$$

DLM-IE 的测试结果如表 5.8 所示，其值非常接近理想值 8。也就是说，加密过程中的信息泄露非常小，因此可以有效抵御信息熵攻击。

表 5.8　明文图像及其密文图像的信息熵

名　称	明 文 图 像	密 文 图 像
Lena	7.4451	7.9994
Baboon	7.3585	7.9993
Peppers	7.5712	7.9992
Airfield	7.1206	7.9992

就密文图像的信息熵而言，从测试结果可以看出，DLM-IE 明显优于文献[97, 99, 101]，如表 5.9 所示。

表 5.9　DLM-IE 与参考算法之间密文图像信息熵的比较

算　法	密 文 图 像
DLM-IE	7.9993
文献[97]	7.9965
文献[99]	7.9958
文献[101]	7.9981

5.4.6　选择明文攻击

如第 1 章所述，在各种攻击方式中，最常见和最具威胁性的攻击方式是选择明文攻击。为此，DLM-IE 在混淆过程中引入了明文图像的 SHA256 散列值以及离散对数，并且增加了混淆效果。因此，攻击者不可能用特殊明文图像来使置换过程失效，也不可能使置换过程与扩散过程分离。即便不考虑置换过程中引入的混淆效果，攻击者想通过选择明文图像来获取等价置换矩阵也是不可能的，因为 DLM-IE 的密钥流不仅依赖于秘密密钥，也依赖于明文图像的内容。

另外，由于扩散过程中也同样地引入了离散对数和明文图像信息，所以攻击者也无法通过分析特殊明文图像的加密过程来得到等价扩散矩阵，或确定明文图像像素对密文图像的影响。同样地，即便攻击者得到了等价置换矩阵、等价混淆矩阵，因为扩散过程中引入了离散对数和明文图像信息，攻击者不可能通过特殊明文图像简化扩散过程。选择明文攻击中常用的特殊明文图像包括：全部由零值像素构成的明文图像、除一个 1 值像素之外的全零值像素明文图像，以及单一值像素明文图像等。

总之，有了置换过程中添加的混淆效果、整个加密过程中引入的离散对数以及明文图像散列值这三重保障，攻击者无法通过选择明文图像这一最具威胁性的攻击手段来获得等价密钥流，即无法在不知道秘密密钥的情况下恢复明文图像。如图 5.5 所示，本章加密了一些特殊明文图像，这些明文图像是密码分析中最常用的选择明文图像。获得的密文图像类似于噪声，这意味着攻击者无法从中获取任何有利于攻击的信息。

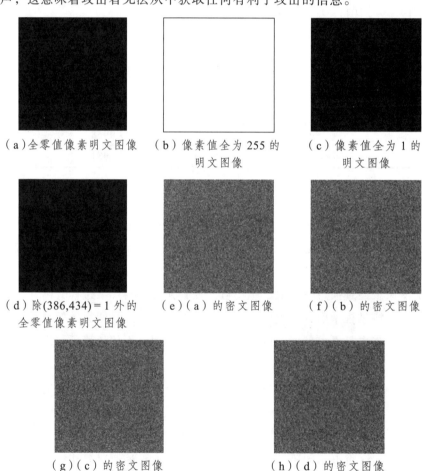

（a）全零值像素明文图像　（b）像素值全为 255 的　（c）像素值全为 1 的
　　　　　　　　　　　　　　　　　明文图像　　　　　　　　　　明文图像

（d）除(386,434)＝1 外的　（e）（a）的密文图像　（f）（b）的密文图像
　　全零值像素明文图像

（g）（c）的密文图像　　　　　　　　（h）（d）的密文图像

图 5.5　特殊明文图像及其密文图像

5.4.7　算法计算量

通常，研究人员会采用各种各样的标准来评估加密算法的效率[1-3, 8-41, 46-54, 85, 91, 93, 96-103, 111-113, 122-128, 130-131, 144-149, 166-187]。由于硬件平台、软件平台和编程技术细节方面的差异，所以很难准确地比较加密算法的效率。如果从时间复杂性上来看，像素级加密算法的时间复杂性均为 $O(M \times N)$。因此，为了比较的公平性，下面从计算量，即图像规模的处理轮数来进行比较，如表 5.10 所示。

表 5.10　DLM-IE 与参考算法之间处理轮数的比较

算法	明文图像
DLM-IE	$3 \times M \times N$
文献[97]	$6 \times M \times N$
文献[98]	$4 \times M \times N$

5.4.8　整体比较

如表 5.11 所示，根据测试结果的总体情况，将评估结果分为三个级别：优秀、良好和一般。可以看出，DLM-IE 优于文献[97]、[101]，明显优于文献[96]、[98-100]。不仅如此，DLM-IE 的处理轮数最少，因此该算法具有很高的安全性和实用性。

表 5.11　DLM-IE 与参考算法的整体比较

算法	密钥敏感性	密钥空间	明文相关性	信息熵	明文敏感性	处理轮数
DLM-IE	优秀	优秀	优秀	优秀	优秀	$3 \times M \times N$
文献[96]	一般	一般	一般	一般	一般	$3 \times M \times N$
文献[97]	优秀	优秀	良好	良好	优秀	$6 \times M \times N$
文献[98]	良好	良好	良好	一般	优秀	$4 \times M \times N$
文献[99]	良好	一般	优秀	良好	优秀	$12 \times M \times N$
文献[100]	良好	一般	优秀	一般	良好	$5 \times M \times N$
文献[101]	良好	良好	优秀	良好	优秀	$4 \times M \times N$

5.5　本章小结

　　本章提出了一种采用置换扩散结构的改进型图像加密算法。该加密算法引入了离散对数来增强置换过程和扩散过程的非线性与复杂性，并使用明文图像的 SHA256 散列值来确定混沌系统初始值以及部分离散对数生成元。因此，本章所提出的算法具有极高的明文相关性和敏感性。此外，该算法还在置换过程中增加了混淆效果，从而克服了纯置换算法容易被明文攻击破解的缺点。为了解决扩散过程易于退化或被简化的问题，本章还精心设计了扩散过程。理论分析和模拟测试结果表明，与最新的混沌加密算法相比，本章所提出的图像加密算法在密钥敏感性、明文相关性、信息熵和明文敏感性方面都具有更好的性能。另外，该算法还具有更大的密钥空间和更少的图像规模处理轮数，因此具有很高的安全性和实用性。未来，本书作者将会进一步改进明文图像散列值的使用方式和加密过程的设计，提出新的具有更高安全性和加密效率的混沌图像加密算法。

第 6 章

基于离散对数和 DNA 序列操作的

明文相关的混沌图像加密算法

6.1 引　言

从大量的密码分析文献来看[55-58, 60-76, 80-84, 86, 90, 92, 94-95, 108-110, 141, 152-165]，目前很多最新的混沌图像加密算法无法有效抵御选择明文攻击，这其中甚至包括 2019 年报道的一些混沌图像加密算法[48, 169, 175, 181-183, 185, 200]。而有些混沌图像加密算法虽然在加密过程中引入了明文信息，但因为设计不够完善，或者已被破解[76, 80]，或者违背了现代密码系统设计的一些要求[9, 37, 38, 101, 149, 195]。例如：在其中的一个混沌图像加密算法中[195]，256 位的明文图像散列值被直接用作秘密密钥。显然，这种一次一密性质的秘密密钥设计不具有实用性，也违背了现代密码系统的设计要求[59]。因此，在分析大量混沌图像加密相关文献后，本章设计了一种基于离散对数和 DNA 序列操作的明文相关的混沌图像加密算法（Plain image related Chaotic Image Encryption algorithm based on DNA sequence operation and Discrete logarithm，DD-PCIE）。在 DD-PCIE 中，离散对数和明文图像散列值被合理地用来增强加密过程的复杂性、明文相关性和明文敏感性。为了提高加密效率，DD-PCIE 没有使用明文图像散列值来生成或扰动二维组合式混沌映射（2D Logistic-Sine-coupling map，2D-LSCM）的系统参数[122]。这样一来，一旦秘密密钥选定，就可以提前生成混沌序列并在后续的所有加密中重用混沌序列。此外，DD-PCIE 也引入了具有高度平行性的 DNA 序列操作来消除明文图像的像素值特征，这无疑又进一步提高了加密效率。

6.2 预备知识

对于明文图像 SHA256 散列值和离散对数，本章仅就其在 DD-PCIE 中的使用情况进行介绍。有关明文图像 SHA256 散列值和离散对数的更多细节，请参阅本书第 5.2.2 节和第 5.3.1 节。本章所采用的测试图像绝大部分来自 The USC-SIPI Image Database，少数为混沌图像加密相关文献中常用的标准测试图像。另外，本章所使用的软硬件配置请参阅表 6.2。

6.2.1　明文图像散列值的使用

在 DD-PCIE 中，明文图像 SHA-256 散列值会被用来提高加密过程的明文相关性和明文敏感性。具体而言，DD-PCIE 会使用明文图像散列值来更新明文图像、选择 DNA 序列操作的编解码规则以及控制扩散过程。这样一来，DD-PCIE 的等价密钥流不仅依赖于秘密密钥，还依赖于明文图像，可以有效抵御选择明文攻击。另外，在 DD-PCIE 中，因为明文图像散列值的计算与加密过程无关，可以在加密明文图像之前事先计算得出，所以不会影响 DD-PCIE 的加密效率。具体而言，在加密过程中，DD-PCIE 直接将事先计算好的长度为 32 个字节的明文图像散列值 HV 作为输入。

$$HV = HV_1 \parallel HV_2 \parallel ... \parallel HV_{32} \qquad (6.1)$$

其中 $\parallel$ 表示 1 个十六进制值是由 2 个十六进制值连接而成。在加密过程中，DD-PCIE 使用这 32 个散列值字节来增强自身的明文相关性和明文敏感性。在解密过程中，解密方可以使用加密方直接发送的散列值字节序列。显然，即便攻击者通过窃听获得了 256 位的明文图像散列值，也无法通过其来还原明文图像。

6.2.2　离散对数的使用

DD-PCIE 对离散对数的使用与 DLM-IE 类似，这里仅就两者不同之处进行介绍。在加密过程中，DD-PCIE 会使用 2 个生成元 g_K 和 g_{HV}。其中 g_K 为秘密密钥 K 的一部分，用于扩大密钥空间和增加加密过程的复杂性；g_{HV} 则通过明文图像散列值 HV 确定，如公式（6.2）所示。

$$g_{HV} = \left((HV_1 + HV_2 + ... + HV_{32})\bmod 128\right) + 1 \qquad (6.2)$$

其中 $HV_1, HV_2, \cdots, HV_{32}$ 来自公式（6.1）。使用 g_{HV} 的目的是提高整个加密过程的明文相关性和明文敏感性，并增加加密过程的复杂性。

6.2.3　DNA 序列操作

DNA 计算是一种新兴的计算技术，与传统的电子计算方式相比，具有并行性高、功耗低、信息密度高等显著优势。DNA 计算的原理并不复杂，它在数学意义上与电子计算机的二进制运算并没有本质区别。如果要进行 DNA 计算，首先要将二进制序列编码成碱基。碱基有 4 种，分别为腺嘌呤（Adenine，A）、鸟嘌呤（Guanine，G）、胸腺嘧啶（Thymine，T）和胞嘧啶（Cytosine，C）。显然，就是将 2 个二进制位编码成 1 个碱基。由于碱基编码必须符合 Watson-Crick 碱基配对规则，所以可编码的方式共有 8 种[10, 17, 19]。表 6.1 列出了所有可用的编码规则。

表 6.1   可用的 DNA 编码规则

规则编号	1	2	3	4	5	6	7	8
碱基 A	00 (0)	00 (0)	11 (3)	11 (3)	10 (2)	01 (1)	10 (2)	01 (1)
碱基 T	11 (3)	11 (3)	00 (0)	00 (0)	01 (1)	10 (2)	01 (1)	10 (2)
碱基 G	10 (2)	01 (1)	10 (2)	01 (1)	00 (0)	00 (0)	11 (3)	11 (3)
碱基 C	01 (1)	10 (2)	01 (1)	10 (2)	11 (3)	11 (3)	00 (0)	00 (0)

6.2.4   二维组合式映射

二维组合式映射 2D-LSCM 由两种现有的一维映射逻辑斯蒂映射和正弦映射组合而成。其具体定义如下：

$$\begin{cases} x_{i+1} = \sin(\pi(4\gamma x_i(1-x_i)+(1-\gamma)\sin(\pi y_i))) \\ y_{i+1} = \sin(\pi(4\gamma y_i(1-y_i)+(1-\gamma)\sin(\pi x_{i+1}))) \end{cases} \tag{6.3}$$

其中 $i = 0,1,2,\cdots,NI$；NI 为所需迭代次数；x_0 和 y_0 是该混沌系统的初始状态值，取值范围为[0,1]；x_i 和 y_i 是该系统第 i 次迭代所产生的系统状态值；$\gamma \in [0,1]$ 是系统的控制参数。相较于以往的一维映射和其他混合式混沌映射，2D-LSCM 有着更佳的混沌特性。具体而言，它有着 $\gamma \in (0,1)$ 的更广混沌范围，并且在 $\gamma \in (0,0.34) \cup (0.67,1)$ 范围内处于超混沌状态[122]。由计算机表示精度有限而导致混沌系统动态降级的问题在 2D-LSCM 中也得到了很好解决[80, 141-142]。当表示精度达到 10^{-8} 次时，该混沌系统的平均迭代周期高达 4455734。也就是说，混沌输出的数量完全可以满足加密常见尺寸（1024×1024）图像的需求。此外，该系统的状态值输出，也就是混沌轨迹在整个相位空间的分布也十分均匀，具有极佳的随机性。因此，2D-LSCM

非常适合用于图像加密。

在加密大小为 $M \times N$ 的明文图像 PI 之前，DD-PCIE 可以事先通过秘密密钥中的 x_0^1、y_0^1、γ_1、x_0^2、y_0^2、γ_2、x_0^3、y_0^3、γ_3 来分三轮迭代 2D-LSCM。第一轮迭代使用 x_0^1、y_0^1、γ_1，即将 x_0^1、y_0^1 用作该系统的初始状态值，将 γ_1 用作系统的控制参数。舍弃前 100 次迭代的系统状态值后，将后续每次迭代产生的系统状态值添加至混沌序列 CS_1。继续迭代系统 $floor(M \times N/2)+1$ 次，从而获得长度为 $M \times N$ 的混沌序列 CS_1。接下来，再将双精度浮点型的混沌序列 CS_1 转化成整数型混沌序列 ICS_1。

$$ICS_1(i) = \left(floor\left(CS_1(i) \times 10^{15}\right) \bmod \left(M \times N\right) \right) + 1 \qquad (6.4)$$

其中 $i = 1,2,\cdots,M \times N$；$floor(\bullet)$ 表示返回操作数的整数部分。

类似地，第二轮迭代使用 x_0^2、y_0^2、γ_2 来作为 2D-LSCM 的系统参数，并将获得的双精度浮点型的混沌序列 CS_2 转化成与明文图像 PI 像素有着相同的表示格式 RF 的整数序列 ICS_2。

$$ICS_2(i) = \left(floor\left(CS_2(i) \times 10^{15}\right) \right) \bmod PR \qquad (6.5)$$

其中 $i = 1,2,\cdots,M \times N$。如果明文图像为拥有 256 个灰度级别的灰度图像，则 $PR = 256$。

在第三轮迭代中，使用系统参数为 x_0^3、y_0^3、γ_3。通过混沌序列 CS_3 获得的整数混沌序列 ICS_3 的元素同样与明文图像 PI 像素有着相同的表示格式。

$$ICS_3(i) = \left(floor\left(CS_3(i) \times 10^{15}\right) \right) \bmod PR \qquad (6.6)$$

其中 $i = 1,2,\cdots,M \times N$。

6.3　新加密算法的具体加密过程及分析

本节会对 DD-PCIE 进行系统而又全面的介绍。从以往针对混沌图像加密算法的密码分析工作来看，选择明文攻击目前仍然是最具威胁性的攻击手段。因此，一个混沌图像加密算法必须能够有效抵御选择明文攻击，否则不能称其为具有安全性。为了提高混沌图像加密算法抵御选择明文攻击的能力，并提高加密效率，本章提出了一种新的明文相关的混沌图像加密算法。该算法利用明文图像散列值和离散对数来增强抵御选择明文攻击的能力，并利用 DNA 序列操作来提高加密过程的并行性。该混沌图像加密算法的加密过程如图 6.1 所示。

从图 6.1 不难看出，DD-PCIE 由 3 个加密步骤组成，即明文相关的像素置换与更新、明文相关的 DNA 序列操作以及明文相关的扩散。通过使用明文图像散列值，整个加密过程与明文图像密切相关，也就是说，在加密不同的明文图像时，DD-PCIE 所使用的等价密钥流是完全不同的，因而能够有效抵御选择明文攻击。另外，与使用明文图像散列值来参与生成混沌序列的混沌图像加密算法相比，DD-PCIE 的混沌序列可以事先生成，并重复使用，因而可以大大提高混沌序列的使用效率，进而提高加密效率。下面分别详细介绍 DD-PCIE 的 3 个组成部分。

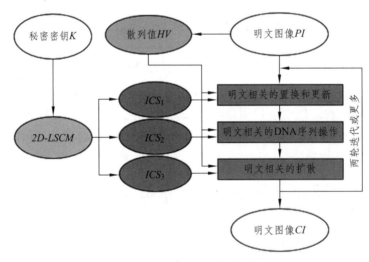

图 6.1　DD-PCIE 的加密过程

6.3.1　明文相关的置换与更新操作

众所周知，混淆是现代密码系统必须满足的基本要求之一。所谓混淆就是指密钥的每个部分要影响尽可能多的密文位。置换操作是混沌图像加密算法经常用来实现混淆的手段之一，但是纯置换的加密算法已经被证明是不具有安全性的，甚至无法抵御已知明文攻击[104-107]。因此，DD-PCIE在置换过程中引入了明文图像散列值，利用明文图像散列值来参与生成置换等价密钥流，并同时利用明文图像散列值来更新像素值。这样一来，DD-PCIE 的置换过程不仅依赖于秘密密钥所产生的混沌序列，也高度依赖于明文图像。除此之外，由于进行了明文相关的像素值更新，攻击者在进行选择明文图像时，也无法随意选择特殊明文图像来发起攻击。

不同于许多混沌图像加密算法中进行的行置换或列置换[17, 36]，DD-PCIE 对像素进行涵盖整个坐标范围的置换。即首先将大小为 $M \times N$ 的明文图像 PI 拉伸成一维的明文图像序列 PIS，并计算散列值字节序列的下标 sub 和置换坐标 pc：

$$\begin{cases} PI \to PIS \\ sub = \left(ICS_1(i) \bmod 32 \right) + 1 \\ pc = \left(\left(ICS_1(i) + HV_{sub} \right) \bmod \left(M \times N \right) \right) + 1 \end{cases} \qquad (6.7)$$

其中 $sub \in \{1,2,...,32\}$；$i = 1,2,\cdots,M \times N$；$ICS_1$ 是通过第一轮 2D-LSCM 迭代获得的长度为 $M \times N$ 的整数混沌序列；在进行置换的同时，DD-PCIE 还会进行像素值更新。为了提高加密效率，DD-PCIE 每 M 次置换进行一次像素值更新：

$$\begin{cases} PIS(i) \leftrightarrow PIS(pc) & if \ i \bmod M \neq 0 \\ \left(\begin{aligned} &\left(PIS(i) + \log_{g_K} \left(HV_{sub} + 1 \right) \right) \\ &\oplus \left(\left(\log_{g_{HV}} \left(PIS(i) + 1 \right) \right) + HV_{sub} \right) \end{aligned} \right) \bmod PR \leftrightarrow PIS(pc) & if \ i \bmod M = 0 \end{cases}$$

$$(6.8)$$

其中生成元 g_K 来自秘密密钥；g_{HV} 是通过明文图像散列值 HV 确定的生成元。经过公式（6.8）的处理，明文图像序列 PIS 会被转换成经过置换和更新的一维图像序列 $PUIS$。为了展示处理效果，这里临时将获得的 $PUIS$ 转换成二维形式。图 6.2 展示了一些常见特殊明文图像的像素置换与更新效果。显然，经过像素值更新，攻击者在进行选择明文攻击时，就无法通过选择特殊明文图像来简化后续加密步骤。

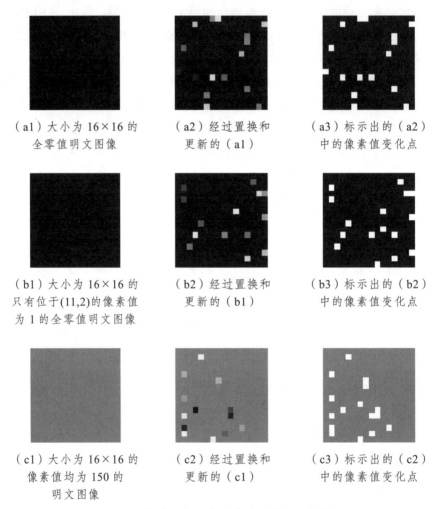

（a1）大小为 16×16 的
全零值明文图像

（a2）经过置换和
更新的（a1）

（a3）标示出的（a2）
中的像素值变化点

（b1）大小为 16×16 的
只有位于(11,2)的像素值
为 1 的全零值明文图像

（b2）经过置换和
更新的（b1）

（b3）标示出的（b2）
中的像素值变化点

（c1）大小为 16×16 的
像素值均为 150 的
明文图像

（c2）经过置换和
更新的（c1）

（c3）标示出的（c2）
中的像素值变化点

图 6.2　特殊明文图像的像素置换和更新效果

对于一般的明文图像，本章提出的明文相关的像素置换和更新可以获得极佳的置换效果。从图 6.3 可以看出，经过置换和更新后的图像近似于噪声，明文图像的像素之间的关联性被显著降低，像素的位置分布具有极高的随机性。

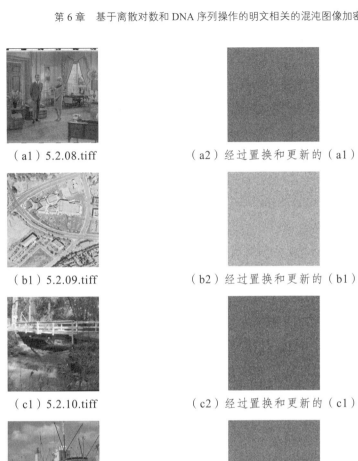

（a1）5.2.08.tiff　　　　　　（a2）经过置换和更新的（a1）

（b1）5.2.09.tiff　　　　　　（b2）经过置换和更新的（b1）

（c1）5.2.10.tiff　　　　　　（c2）经过置换和更新的（c1）

（d1）boat.512.tiff　　　　　（d2）经过置换和更新的（d1）

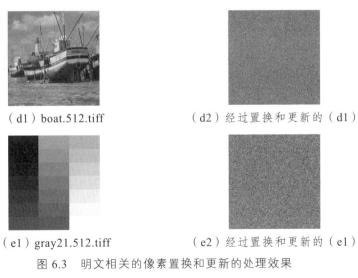

（e1）gray21.512.tiff　　　　（e2）经过置换和更新的（e1）

图 6.3　明文相关的像素置换和更新的处理效果

6.3.2 明文相关的 DNA 序列操作

从图 6.3 可以看出，虽然明文相关的置换和更新获得了极佳的置换效果，大大降低了像素之间的关联性，但是明文图像原有的像素值特征仍然没有消除。所以，DD-PCIE 需要对置换后的图像进行进一步处理，以消除原有的像素值特征。如第 6.2.3 节所述，相较于电子计算方式，DNA 计算具有功耗低、并行性高等显著优势。目前已经有很多学者提出了采用 DNA 计算技术的混沌图像加密算法[10, 17, 19, 22, 26, 29-34, 37-41, 46, 167, 202]。然而，这些图像加密算法中有许多已经被破解[65, 82-84, 163-164]。而造成这些图像加密算法被破解的最主要原因是编解码规则仅依赖于秘密密钥，而与明文图像没有任何相关性或者相关性太低。也就是说，存在安全缺陷的是图像加密算法的设计，而非 DNA 计算技术。因此，DD-PCIE 采用了一种明文相关的 DNA 序列操作来提高加密过程的安全性。如图 6.4 所示，明文相关的 DNA 序列操作又可以进一步分为 3 个步骤，即明文相关的 DNA 编码、DNA 异或以及明文相关的 DNA 解码。

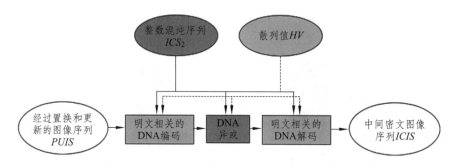

图 6.4 明文相关的 DNA 序列操作的流程图

（1）明文相关的 DNA 编码。

为了克服以往的 DNA 编码规则不变或仅依赖于秘密密钥的缺陷，DD-PCIE 引入明文图像散列值来提高明文图像相关性，并且每 M 个像素都采用不同的编码规则来进行编码。另外，为了增强复杂性和提高安全性，DD-PCIE 还在计算编码规则时采用了离散对数。

$$\begin{cases} sub = \left(ICS_2(i)\bmod 32\right)+1 \\ j = 1 + floor(i/M) \\ ER(j) = \left(\left(\begin{aligned} &\left(ICS_2(i)+\log_{g_K}(HV_{sub}+1)\right) \\ &\oplus\left(\left(\log_{g_{HV}}(ICS_2(i)+1)\right)+HV_{sub}\right) \end{aligned}\right)\bmod 8\right)+1 \end{cases} \quad if\ i\bmod M = 1$$

$$(6.9)$$

其中，$sub \in \{1,2,\cdots,32\}$ 是明文图像散列值字节序列的下标；$i = 1,2,\cdots,M \times N$；$j = 1,2,\cdots,N$；$ER(j) \in \{1,2,\cdots,8\}$ 为每 M 个像素所采用的编码规则；ICS_2 是通过第二轮 2D-LSCM 迭代获得的长度为 $M \times N$ 的整数混沌序列。

（2）DNA 异或。

DD-PCIE 以相同的编码规则来对 $PUIS$ 和 ICS_2 进行 DNA 编码，编码完成后，对两个 DNA 序列进行 DNA 异或操作。

（3）明文相关的 DNA 解码。

为了进一步提高 DNA 序列操作的明文相关性、明文敏感性和安全性，DD-PCIE 采用不同的 DNA 编码规则来对 DNA 异或后获得的 DNA 序列进行解码。与采用相同的编解码规则相比，采用不同的编解码规则并不会增加额外的计算量。

$$\begin{cases} sub = \left(ICS_2(i)\bmod 32\right)+1 \\ j = 1 + floor(i/M) \\ DR(j) = \left(\left(\begin{aligned} &\left(ICS_2(i)\times\log_{g_K}(HV_{sub}+1)\right) \\ &\oplus\left(\left(\log_{g_{HV}}(ICS_2(i)+1)\right)\times HV_{sub}\right) \end{aligned}\right)\bmod 8\right)+1 \end{cases} \quad if\ i\bmod M = 1$$

$$(6.10)$$

其中，$sub \in \{1,2,\cdots,32\}$ 是明文图像散列值字节序列的下标；$i = 1,2,\cdots,M \times N$；$j = 1,2,\cdots,N$；$DR(j) \in \{1,2,\cdots,8\}$ 为所采用的解码规则；ICS_2 是通过第二轮 2D-LSCM 迭代获得的长度为 $M \times N$ 的整数混沌序列。

使用解码规则 DR 对 DNA 序列进行解密后，可以得到经过明文相关的 DNA 序列操作处理的中间密文图像序列 $ICIS$。同样地，为了展示明文相关的 DNA 序列操作的处理效果，下面临时将获得的 $ICIS$ 转换成二维形式。

图 6.5 展示了一些明文图像经过明文相关的 DNA 序列操作之后的处理效果。从图 6.5 可以看出，经过明文相关的 DNA 序列操作处理之后，明文图像原有的像素值特征被完全消除。所有明文图像在经过处理之后，其像素值的分布十分均匀。

(a1) 5.2.08.tiff   (a2) 经过置换和更新的   (a3) 经过 DNA 序列操作
(a1)   处理的(a2)

(b1) 5.2.09.tiff   (b2) 经过置换和更新的   (b3) 经过 DNA 序列操作
(b1)   处理的(b2)

(c1) 5.2.10.tiff   (c2) 经过置换和更新的   (c3) 经过 DNA 序列操作
(c1)   处理的(c2)

(d1) boat.512.tiff   (d2) 经过像素置换和更   (d3) 经过 DNA 序列操作
新的(d1)   处理的(d2)

(e1) gray21.512.tiff　　(e2) 经过置换和更新的　　(e3) 经过 DNA 序列操作
　　　　　　　　　　　　　　　(e1)　　　　　　　　处理的(e2)

图 6.5　明文相关的 DNA 序列操作的处理效果

6.3.3　明文相关的扩散操作

与混淆一样，扩散也是现代密码系统必须满足的一个基本要求[59, 77]。加密算法的明文扩散性越高，每一个明文图像像素位影响的密文图像像素位就越多。虽然，DD-PCIE 已经在前面的加密步骤中引入了明文图像散列值，但为了进一步提高加密算法的明文扩散性和安全性，DD-PCIE 又引入了明文相关的扩散操作。与以往的固定式扩散操作不同，DD-PCIE 所采用的扩散操作的扩散方向和扩散内容都取决于明文图像。

首先，DD-PCIE 会根据明文图像散列值和整数混沌序列来确定扩散方向 DD：

$$\begin{cases} DLS = \sum_{j=1}^{16}\left(\log_{g_K}\left(HV_{2\times j-1}+1\right)+\log_{g_{HV}}\left(HV_{2\times j}+1\right)\right) \\ DD = \left(s_1(M\times N)+s_2(M\times N)+s_3(M\times N)+DLS\right)\bmod 2 \end{cases} \quad (6.11)$$

其中 DLS 为明文图像散列值的离散对数和。如果 $DD=1$，则进行正向扩散。如果 $DD=0$，则进行反向扩散。也就是说，扩散的方向并不是固定的，而是由明文图像和秘密密钥共同决定的。

另外，在进行正向扩散时，DD-PCIE 也会以不同的方式来处理中间密文图像序列中的像素 $ICIS(i)$，当 $i=1$ 时：

$$FCIS(i) = \left(ICIS(i)+ICS_3(i)+DLS\right)\bmod PR \quad (6.12)$$

当 $i=2,3,\cdots,M\times N$ 时，如果 $i\bmod M\neq 1$：

$$FCIS(i) = \left(ICIS(i)+\log_{g_K}\left(ICS_3(i)+1\right)+\log_{g_{HV}}\left(FCIS(i-1)+1\right)\right)\bmod PR \quad (6.13)$$

如果 $i \bmod M = 1$，则进一步分两种情况来处理：

$$\begin{cases} sub = \left(ICS_3(i) \bmod 32\right) + 1 \\ DSP = \left(\left(\log_{g_{HV}}\left(ICS_3(i)+1\right)\right) \times \log_{g_K}\left(HV_{sub}+1\right)\right) \bmod 2 \end{cases} \quad (6.14)$$

即根据扩散选择参数 DSP 来确定具体的扩散方式：

$$\begin{cases} FCIS(i) = \left(\begin{matrix}\left(ICIS(i) \oplus \log_{g_K}\left(ICS_3(i)+1\right)\right) \\ + \log_{g_{HV}}\left(FCIS(i-1)+1\right)\end{matrix}\right) \bmod PR & if\, DSP = 1 \\ FCIS(i) = \left(ICIS(i) + \left(\begin{matrix}\log_{g_K}\left(ICS_3(i)+1\right) \\ \oplus \log_{g_{HV}}\left(FCIS(i-1)+1\right)\end{matrix}\right)\right) \bmod PR & if\, DSP = 0 \end{cases}$$

$$(6.15)$$

同样地，进行反向扩散时，DD-PCIE 也会以不同的方式来处理中间密文图像序列中的像素 $ICIS(i)$，当 $i = M \times N$ 时：

$$FCIS(i) = \left(ICS_3(i) - ICIS(i) - DLS\right) \bmod PR \quad (6.16)$$

当 $i = M \times N\text{-}1, M \times N\text{-}2, \cdots 1$ 时，如果 $i \bmod M \neq 0$：

$$FCIS(i) = \left(\log_{g_K}\left(ICS_3(i)+1\right) - ICIS(i) - \log_{g_{HV}}\left(FCIS(i+1)+1\right)\right) \bmod PR \quad (6.17)$$

如果 $i \bmod M = 0$，则进一步分两种情况来处理：

$$\begin{cases} sub = \left(ICS_3(i) \bmod 32\right) + 1 \\ DSP = \left(\left(\log_{gHV}\left(ICS_3(i)+1\right)\right) + \log_{g_K}\left(HV_{sub}+1\right)\right) \bmod 2 \end{cases} \quad (6.18)$$

即根据扩散选择参数 DSP 来确定具体的扩散方式：

$$\begin{cases} FCIS(i) = \left(\begin{matrix}\left(ICIS(i) \oplus \left(\log_{g_K}\left(ICS_3(i)+1\right)\right)\right) \\ - \log_{g_{HV}}\left(FCIS(i+1)+1\right)\end{matrix}\right) \bmod PR & if\, DSP = 1 \\ FCIS(i) = \left(ICIS(i) - \left(\begin{matrix}\left(\log_{g_K}\left(ICS_3(i)+1\right)\right) \\ \oplus \log_{g_{HV}}\left(FCIS(i+1)+1\right)\end{matrix}\right)\right) \bmod PR & if\, DSP = 0 \end{cases}$$

$$(6.19)$$

最后，DD-PCIE 会将获得的最终密文图像序列 $FCIS$ 转换成二维图像，即密文图像 CI。从以上扩散过程描述可以看出，DD-PCIE 所采用的明文相关的扩散操作具有极高的明文敏感性。即便是明文图像 PI 发生最小的变化，即一个像素的一个二进制位发生改变，密文图像 *CI* 也会发生显著的变化。而且不同于以往的混沌图像加密算法需要至少 2 次迭代才能确保理想的明文扩散性和明文敏感性，DD-PCIE 的扩散操作只需进行 1 次，即可确保极佳的明文扩散性和明文敏感性。如图 6.6 所示，为了展示 DD-PCIE 的扩散操作所具有的极佳明文扩散性和明文敏感性，这里首先对 5.2.08.tiff 进行加密，然后将 5.2.08.tiff 的第一个像素的最低位取反，并对变化后的 5.2.08.tiff 进行加密。同样地，也对 5.2.09.tiff 进行加密，然后将 5.2.09.tiff 的最后一个像素的最低位取反，并对变化后的 5.2.09.tiff 进行加密。最后，计算出这些发生最小变化后的明文图像的对应密文图像与原始密文图像之间的差值图像。

从图 6.6 可以看出，在只进行一轮加密的情况下，即便明文图像只发生最小的变化，即 1 个像素的 1 个位取反，其对应的密文图像也会发生极其显著的变化，而且这种显著变化也与位置无关。这样的扩散效果要明显优于一些最新的混沌图像加密算法[48, 122, 169, 175, 181-183, 185, 200]。例如，在文献[122]的图 6 中，Hua 等展示的扩散效果不仅不充分，而且依赖于发生变化的像素的位置。因此，本章设计的明文相关的扩散操作具有极高的明文敏感性和明文扩散性。

(a1) 5.2.08.tiff　(a2) (a1)的密文图像　(a3) 5.2.09.tiff　(a4) (a3)的密文图像

(b1) (a1)的第一个像素的最低位取反得到的图像　(b2) (b1)的密文图像　(b3) (a3)的最后一个像素的最低位取反得到的图像　(b4) (b3)的密文图像

(c1) (a1)和(b1)　　　　(c2) (a2)和(b2)　　　　(c3) (a3)和(b3)　　　　(c4) (a4)和(b4)
之间的差值图像　　　　之间的差值图像　　　　之间的差值图像　　　　之间的差值图像

图 6.6　明文相关的扩散的处理效果

　　由于 DD-PCIE 是一种对称加密算法，所以其解密过程与加密过程相同。解密方使用加密方明文发送的明文图像散列值 HV 以及用秘密密钥 K 预先生成的整数混沌序列 ICS_1、ICS_2、ICS_3 来完成解密。具体的解密过程实际上就是每一个加密步骤的逆过程，在此不再重复介绍。

6.4　模拟测试和分析

　　第 6.3 节不仅详细介绍了 DD-PCIE 的每一个加密步骤，而且在介绍这些加密步骤的同时，也对 DD-PCIE 所具有的优良特性进行了简要说明，并通过图 6.2、图 6.3、图 6.5 和图 6.6 进行了展示和简单分析。下面进一步从密钥空间、密钥敏感性、像素关联性、明文敏感性、信息熵、直方图、加密效率等方面对 DD-PCIE 进行充分的测试和分析。鉴于选择明文攻击是最具威胁性的攻击手段，本书作者还结合自身的一些攻击经验以及其他学者所提出的攻击方法对 DD-PCIE 抵御选择明文攻击的能力进行了详细分析。另外，为使测试不失一般性，除非特别说明，下面都会采用随机生成的秘密密钥来进行测试，用于测试的软硬件配置如表 6.2 所示。

表 6.2　测试中使用的软硬件配置

配置项名称	描述
CPU	Intel(R) Pentium(R) CPU G3260
内存大小	8GB
操作系统	Windows 7 旗舰版（64 位）
测试软件平台	MATLAB R2017a (9.2.0538062)

6.4.1　密钥空间分析

如第 6.2.2 节和第 6.2.4 节所述，DD-PCIE 的秘密密钥 K 共由 10 个部分组成，即对 2D-LSCM 进行 3 轮迭代所使用的系统初始状态值和控制参数 x_0^1、y_0^1、γ_1、x_0^2、y_0^2、γ_2、x_0^3、y_0^3、γ_3，以及生成元 g_K。为使秘密密钥的表示更加规范，并且也避免 Li 等所指出的秘密密钥的十进制表示和二进制表示之间的差异[80]，DD-PCIE 以二进制形式而不是十进制形式指定秘密密钥。参照 IEEE 754 中规定的浮点数表示，DD-PCIE 用 52 个二进制位来表示迭代 2D-LSCM 所使用的 9 个参数[191]。假设表示 x_0^1 的 52 个二进制位为 $a_1 a_2 \cdots a_{52}$，那么可以用公式（6.20）将其转换成十进制浮点数：

$$x_0^1 = \sum_{i=1}^{52} a_i \times 2^{-i} \qquad\qquad （6.20）$$

对于其他的 8 个系统参数，也可以进行类似的转换。而对于 g_K，则直接用 7 个二进制位来表示。这样一来，DD-PCIE 的秘密密钥就是一个 52 × 9+7 = 475 位的二进制序列。因此，只进行一轮加密的 DD-PCIE 的密钥空间位 2^{475}。显然，这足以抵御暴力攻击[59, 79, 102]。如果需要寻求更高的安全性和更大的密钥空间，则可以进行 2 轮的加密迭代，并在每一轮加密迭代中使用不同的 2D-LSCM 系统参数和 g_K，此时 DD-PCIE 的密钥空间可以达到 2^{950}。表 6.3 展示了 DD-PCIE 与一些最新的混沌图像加密算法在密钥空间大小方面的对比情况。

表 6.3　DD-PCIE 与其他最新加密算法之间的密钥空间对比

算法	DD-PCIE（两轮）	文献[47]	文献[48]	文献[49]	文献[50]	文献[52]	文献[53]	文献[54]
密钥空间	2^{950}	2^{224}	2^{256}	2^{837}	2^{561}	2^{512}	2^{199}	2^{384}

6.4.2　密钥敏感性分析

根据 Shannon 的建议，强密钥系统应具有极高的混淆属性，即秘密密钥的一个位发生变化，应该能引起密文图像至少一半以上的像素位发生变化[59, 77, 79]。这样一来就能掩盖秘密密钥与密文图像之间的统计关系，从而有效抵御统计攻击和差分攻击。下面对只进行一轮加密迭代的 DD-PCIE 进行测试，首先随机地生成秘密密钥 K_R：

$$x_0^1 = \text{0A0181DDB2A8F} \times 2^{-52}$$

$$y_0^1 = \text{AC76D1226DC06} \times 2^{-52}$$

$$\gamma_1 = \text{86AA460F21537} \times 2^{-52}$$

$$x_0^2 = \text{5FE0B468F6F4B} \times 2^{-52}$$

$$y_0^2 = \text{A8BA22F208EA3} \times 2^{-52}$$

$$\gamma_2 = \text{57F2DA6367193} \times 2^{-52}$$

$$x_0^3 = \text{694494DFB591E} \times 2^{-52}$$

$$y_0^3 = \text{ED49065226197} \times 2^{-52}$$

$$\gamma_3 = \text{BBA0158A6DBF8} \times 2^{-52}$$

$$g_K = \text{7A}$$

然后用该密钥对明文图像 7.1.02.tiff 进行加密。接着，对秘密密钥进行最小的更改，分别将表示 x_0^1、y_0^1、γ_1、x_0^2、y_0^2、γ_2、x_0^3、y_0^3、γ_3、g_K 的二进制序列的最低位取反，得到微调密钥 $K_R^1, K_R^2, \cdots, K_R^{10}$，用这些微调密钥对 7.1.02.tiff 进行加密，最后计算原始密文图像和这些微调密钥产生的密文图像之间的差值图像。

(p) 7.1.02.tiff　(c) 使用 K_R 获得的　(x1) x_0^1 最低位取反　(y1) y_0^1 最低位取反
　　　　　　　　　密文图像

(r1) γ_1 最低位取反　(x2) x_0^2 最低位取反　(y2) y_0^2 最低位取反　(r2) γ_2 最低位取反

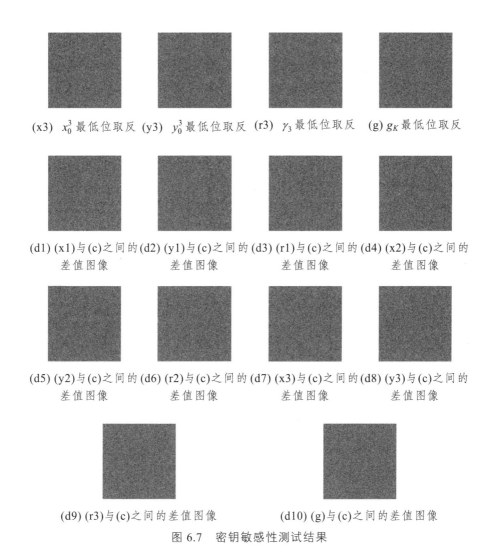

(x3) x_0^3 最低位取反 (y3) y_0^3 最低位取反 (r3) γ_3 最低位取反 (g) g_K 最低位取反

(d1) (x1)与(c)之间的 (d2) (y1)与(c)之间的 (d3) (r1)与(c)之间的 (d4) (x2)与(c)之间的
　　差值图像　　　　　差值图像　　　　　差值图像　　　　　差值图像

(d5) (y2)与(c)之间的 (d6) (r2)与(c)之间的 (d7) (x3)与(c)之间的 (d8) (y3)与(c)之间的
　　差值图像　　　　　差值图像　　　　　差值图像　　　　　差值图像

(d9) (r3)与(c)之间的差值图像　　　　(d10) (g)与(c)之间的差值图像

图 6.7   密钥敏感性测试结果

从图 6.7 可以看出,即便秘密密钥的各个组成部分只发生最小的变化,
对应的密文图像也会发生十分显著的变化。而且秘密密钥变化前后的密文
图像之间的差值图像类似于噪声图像,与普通密文图像无异。这一点,要
明显优于一些最新的混沌图像加密算法[48, 122, 169, 175, 181-183, 185, 200]。为了对
这些变化进行定量分析,下面计算出了秘密密钥变化前后的密文图像之间
的 UPCR 和 UACI 值,如表 6.4 所示。

表 6.4　原始密文图像和变化后的密文图像之间的 UPCR 和 UACI 值

变化后的密文图像	NPCR	UACI
x_0^1 最低位取反	99.6128	33.4849
y_0^1 最低位取反	99.6048	33.4570
γ_1 最低位取反	99.6071	33.4506
x_0^2 最低位取反	99.6078	33.4492
y_0^2 最低位取反	99.6131	33.4669
γ_2 最低位取反	99.6070	33.4606
x_0^3 最低位取反	99.6076	33.4511
y_0^3 最低位取反	99.6162	33.4438
γ_3 最低位取反	99.6130	33.4669
g_K 最低位取反	99.6095	33.4474
随机图像	99.6094	33.4635

从表 6.4 可以看出，原始密文图像和变化后的密文图像之间的 UPCR 和 UACI 值非常接近原始密文图像与随机图像之间的 UPCR 和 UACI 值，所以 DD-PCIE 具有极佳的密钥敏感性。

6.4.3　像素值分布分析

像素值分布不均匀是明文图像的显著特征之一，这一点从图 6.3 和图 6.5 都可以明显看出。因此，为了能够有效抵御统计攻击，在加密产生的密文图像中，像素值的分布应该是相对均匀的。也就是说，安全的加密算法应该能显著消除明文图像的像素值分布特征，使像素值均匀分布。为了验证 DD-PCIE 的像素值分布是否均匀，下面绘制了一些明文图像和 DD-PCIE 生成的密文图像的像素值分布直方图，如图 6.8 所示。

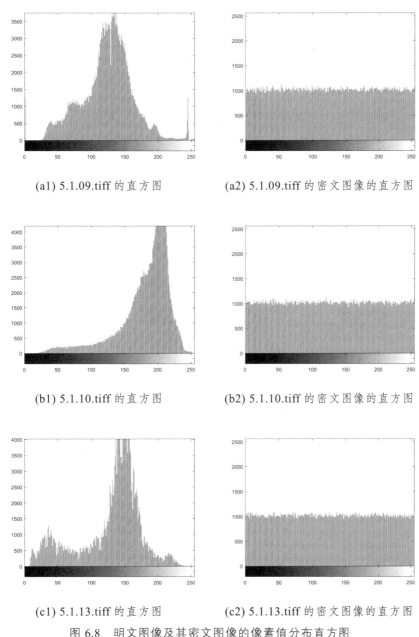

(a1) 5.1.09.tiff 的直方图　　　　(a2) 5.1.09.tiff 的密文图像的直方图

(b1) 5.1.10.tiff 的直方图　　　　(b2) 5.1.10.tiff 的密文图像的直方图

(c1) 5.1.13.tiff 的直方图　　　　(c2) 5.1.13.tiff 的密文图像的直方图

图 6.8　明文图像及其密文图像的像素值分布直方图

从图 6.8 可以看出，这些明文图像的像素值分布极不均匀，集中于相对狭窄的区域，范围特征十分明显。而经过 DD-PCIE 的加密处理，产生的密文图像的像素值分布非常均匀。因此，DD-PCIE 能有效抵御基于像素值的统计攻击。

6.4.4　信息熵分析

人们经常使用信息熵来度量信息源的随机性。一般而言，信息源的随机性或无序性越高，信息熵越高。随机性或无序性越底，则信息熵越低。对于拥有 256 个灰度级别的灰度图像，密文图像信息熵的理想值为 8。表 6.5 列出了一些明文图像的信息熵，以及经过 DD-PCIE 加密后产生的密文图像的信息熵。

表 6.5　明文图像及相应的密文图像的信息熵

文件名称	明文图像	密文图像
5.2.08.tiff	7.2010	7.9994
5.2.09.tiff	6.9940	7.9993
5.2.10.tiff	5.7056	7.9994
7.1.02.tiff	4.0045	7.9993
7.1.03.tiff	5.4957	7.9993
7.1.04.tiff	6.1074	7.9994
7.1.05.tiff	6.5632	7.9993
boat.512.tiff	7.1914	7.9994
gray21.512.tiff	4.3923	7.9994
ruler.512.tiff	0.5000	7.9994

另外，表 6.6 还展示了 DD-PCIE 与一些其他混沌图像加密算法的信息熵测试结果对比情况。相较于其他的算法，DD-PCIE 产生的密文图像的信息熵更接近于理想值 8。

表 6.6　不同加密算法下的 Lena 密文图像的信息熵

算法	DD-PCIE	文献[50]	文献[51]	文献[52]	文献[53]	文献[54]
信息熵	7.9994	7.9909	7.9992	7.9991	7.9980	7.9979

6.4.5　像素关联性分析

在明文图像中，相邻像素之间会有较高的关联性。安全的图像加密算法应该能够将这种关联性降至接近 0 的极低水平[59, 77]。在一些明文图像以及经过 DD-PCIE 加密获得的密文图像中，下面分别在水平、垂直、对角和反对角方向上随机选取了 5000 对像素点来计算关联系数 $CC(x,y)$。表 6.7 展示了相关的测试结果。

表 6.7　明文图像及相应密文图像的像素关联系数

图像	关联系数			
	水平	垂直	对角	反对角
5.2.08.tiff	0.91342	0.92663	0.88031	0.86886
5.2.08.tiff 的密文图像	0.00397	0.00135	− 0.00489	− 0.00427
5.2.09.tiff	0.85184	0.88883	0.79973	0.81050
5.2.09.tiff 的密文图像	0.00558	− 0.00183	0.00753	− 0.00764
5.2.10.tiff	0.92662	0.93667	0.89654	0.90735
5.2.10.tiff 的密文图像	0.00298	0.00139	− 0.00775	0.00146
7.1.02.tiff	0.94378	0.95356	0.89579	0.93781
7.1.02.tiff 的密文图像	0.00613	− 0.00110	− 0.00708	0.00004
7.1.03.tiff	0.93516	0.94098	0.90789	0.91347
7.1.03.tiff 的密文图像	0.00036	0.00254	0.00289	− 0.00758

从表 6.7 可以看出，经过 DD-PCIE 的加密处理，明文图像中相对较高的像素关联性绝对值(>0.79)已被显著降低至接近于 0 的极小值(<0.008)。另外，表 6.8 也列出了 DD-PCIE 与其他混沌图像加密算法的像素关联性测

试结果对比情况。相较于其他的加密算法，DD-PCIE 产生的密文图像有着相对较低或最低的像素关联性绝对值。

表 6.8　不同加密算法下的 Lena 密文图像像素关联系数

图像	关联系数		
	水平	垂直	对角
DD-PCIE	0.0064	0.0002	− 0.0005
文献[48]	0.0002	0.0003	0.0006
文献[49]	0.0055	− 0.0068	− 0.0032
文献[51]	0.0007	− 0.0032	− 0.0038
文献[52]	− 0.0066	0.0025	0.0042
文献[54]	− 0.0158	− 0.0042	− 0.0039

为了更直观地展示明文图像中相对较高的像素关联性，以及 DD-PCIE 产生的密文图像中极低的像素关联性，下面绘制了 5.2.08.tiff 及其密文图像在水平、垂直和对角方向上的相邻像素关联性分布图，如图 6.9 所示。

从图 6.9 可以看出，5.2.08.tiff 在各个方向上的相邻像素关联性都很高，而经过 DD-PCIE 的加密处理，各个方向上的相邻像素关联性几乎已经被完全消除。

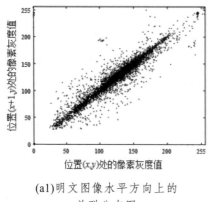

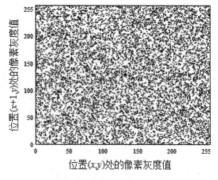

(a1)明文图像水平方向上的　　　　(b1)密文图像水平方向上的
　　　关联分布图　　　　　　　　　　关联分布图

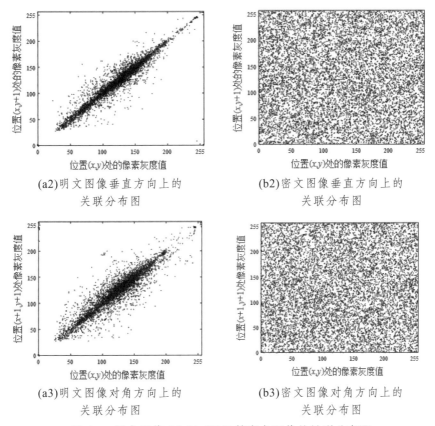

(a2)明文图像垂直方向上的
关联分布图

(b2)密文图像垂直方向上的
关联分布图

(a3)明文图像对角方向上的
关联分布图

(b3)密文图像对角方向上的
关联分布图

图 6.9　明文图像 5.2.08.tiff 及其密文图像的关联分布图

6.4.6　明文敏感性分析

安全的加密算法应具有极高的明文敏感性，否则无法有效抵御差分攻击。换言之，即便明文图像只发生最小的变化，如某个像素的 1 个位取反，密文图像也应该发生显著的变化。理想情况下变化后的密文图像在统计特性上应接近于随机图像。即原始密文图像与变化后的密文图像的差异应该接近于与随机图像的差异。为了直观地展示 DD-PCIE 的明文敏感性，下面进行了一系列测试。首先，对 5.2.10.tiff、7.1.02.tiff、7.1.03.tiff、boat.512.tiff、gray21.512.tiff 和 ruler.512.tiff 进行了加密，得到相应的密文图像。然后，在秘密密钥保持不变的情况下，随机地选择这些明文图像中的一个像素，将其最低位取反，并对这些发生最小变化后的明文图像进行加密。最后，计算原始密文图像与变化后的密文图像之间的差值图像。

从图 6.10 可以看出，即便明文图像只有最小的变化，相应的密文图像也会完全发生变化。并且，原始密文图像和变化后的密文图像之间的差值近似噪声图像。此外，下面也计算了原始密文图像和变化后的密文图像之间的定量差异，如表 6.9 所示。

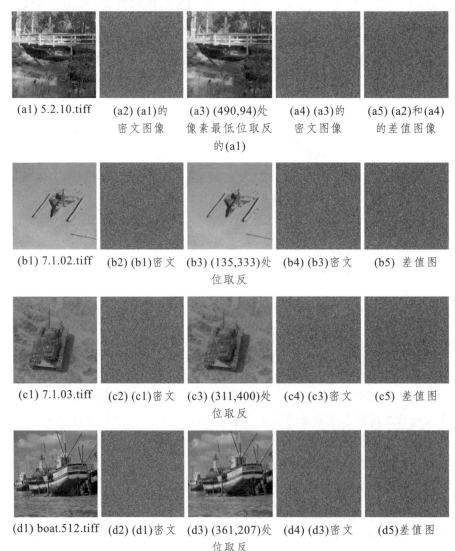

(a1) 5.2.10.tiff | (a2) (a1)的密文图像 | (a3) (490,94)处像素最低位取反的(a1) | (a4) (a3)的密文图像 | (a5) (a2)和(a4)的差值图像

(b1) 7.1.02.tiff | (b2) (b1)密文 | (b3) (135,333)处位取反 | (b4) (b3)密文 | (b5) 差值图

(c1) 7.1.03.tiff | (c2) (c1)密文 | (c3) (311,400)处位取反 | (c4) (c3)密文 | (c5) 差值图

(d1) boat.512.tiff | (d2) (d1)密文 | (d3) (361,207)处位取反 | (d4) (d3)密文 | (d5)差值图

(e1) gray21.512.tiff　(e2) (e1)密文　(e3) (73,37)处位　(e4) (e3)密文　　(e5)差值图
取反

图 6.10　DD-PCIE 明文敏感性展示

表 6.9　原始密文图像及变化后的密文图像之间的 NPCR 和 UACI 值

原始图像	发生的最小变化	NPCR	UACI
5.2.10.tiff	(490,94)处像素最低位取反	99.6099	33.4407
7.1.02.tiff	(135,333)处像素最低位取反	99.6121	33.4411
7.1.03.tiff	(311,400)处像素最低位取反	99.6102	33.4634
boat.512.tiff	(361,207)处像素最低位取反	99.6118	33.4598
gray21.512.tiff	(73,37)处像素最低位取反	99.6042	33.4726
ruler.512.tiff	(215,236)处像素最低位取反	99.6106	3.4532

从表 6.9 可以看出，明文图像只发生一个位的最小变化，原始密文图像与变化后的密文图像之间的差异，也非常接近原始密文图像与随机图像之间的差异。与其他加密算法相比，DD-PCIE 的 NPCR 和 UACI 平均值更接近理想值 99.6094%与 33.4635%，而且稳定性也更好，如表 6.10 所示。

表 6.10　不同加密算法关于明文敏感性的 NPCR 和 UACI 测试结果

图像名称	DD-PCIE		文献[47]		文献[48]		文献[49]	
	NPCR	UACI	NPCR	UACI	NPCR	UACI	NPCR	UACI
5.2.10.tiff	99.6099	33.4407	99.6166	33.3925	99.5842	33.4338	99.6346	33.4315
7.1.02.tiff	99.6121	33.4411	99.6109	33.4415	99.6037	33.5047	99.6265	33.4850
7.1.03.tiff	99.6102	33.4634	99.6147	33.4455	99.6117	33.5526	99.6003	33.4638
boat.512.tiff	99.6118	33.4598	99.5998	33.4519	99.6189	33.4422	99.6183	33.4997
gray21.512.tiff	99.6042	33.4726	99.5949	33.4314	99.6210	33.5441	99.6172	33.4663
ruler.512.tiff	99.6106	33.4532	99.6006	33.3567	99.6162	33.4731	99.6063	33.4744
平均值	99.6099	33.4615	99.6063	33.4199	99.6093	33.4918	99.6172	33.4701
标准差	0.0026	0.0115	0.0081	0.0342	0.0125	0.0461	0.0115	0.0211

6.4.7 选择明文攻击分析

众所周知，一个安全的图像加密算法应该能够抵御常见的攻击[42-45, 59, 79]。在唯密文攻击、已知明文攻击、选择明文攻击和选择密文攻击这四种类型的攻击中，虽然选择密文攻击是最具威胁性的攻击，但是它的实现条件极为苛刻。所以一般认为，选择明文攻击是常见攻击类型中最具威胁性的攻击手段。实际上，在针对混沌图像加密的密码分析文献中，绝大多数采取的正是选择明文攻击。下面针对 DD-PCIE 抵御选择明文攻击的能力进行分析。

假设攻击者对 DD-PCIE 进行选择明文攻击，即他们想要通过选择明文攻击来恢复出截获的密文图像 CI 对应的明文图像 PI。根据选择明文攻击的条件，攻击者可以利用保持不变的未知密钥来加密任意明文图像 PI_A 并获得对应的密文图像 CI_A。但是，虽然秘密密钥不变，但 PI_A 是不同于 PI 的。根据第 6.2.1 节的说明，明文图像即便只发生一个位的变化，明文图像散列值也会发生显著的变化，所以在加密 PI_A 和加密 PI 的过程中使用的明文图像散列值 HV 是不同的。这样一来，整个加密过程中会发生以下的变化。

（1）根据公式（6.2），在整个加密过程中使用的生成元 g_V 会发生变化。

（2）根据公式（6.7），在置换过程中对每一个像素进行置换的置换坐标 pc 也会不同。

（3）根据公式（6.8），对于在置换过程中进行的像素值更新，更新值也会不同。

（4）根据公式（6.9），对经过置换和更新后的图像序列 $PUIS$ 以及整数混沌序列 ICS_2 进行 DNA 编码时，使用的编码规则 ER 也会不同。

（5）根据公式（6.10），对 DNA 序列进行解码从而获得中间密文图像序列 $ICIS$ 时，所采用的解码规则也会不同。

（6）根据公式（6.11），进行扩散操作时，扩散方向 DD 可能会不同。

（7）根据公式（6.12）、（6.14）、（6.15），进行正向扩散时，具体的扩散方式也会不同。

（8）根据公式（6.16）、（6.18）、（6.19），进行反向扩散时，具体的扩散方式也会不同。

因此，除非攻击者在进行选择明文攻击时选择的特殊明文图像的散列值与原始明文图像的散列值相同，否则，攻击者在选择明文攻击条件下获得的等价密钥流对于恢复 PI 是没有任何意义的。而攻击者用不同的明文图像获得相同的散列值的概率仅为 $2^{-256} = 8.6362 \times 10^{-78}$，所以针对 DD-PCIE 进行选择明文攻击是不可行的。

即便攻击者获得了与 PI 拥有相同散列值的选择明文图像 PI_A，由于 DD-PCIE 在加密过程中引入了离散对数，并且借助离散对数有针对性地设计了加密过程，因此，以往所采用的特殊明文图像无法简化加密过程或使其退化。以全零值明文图像为例，即假设全零值明文图像产生的散列值与 PI 的散列值完全相同。首先，根据公式（6.8）和图 6.2，经过像素值更新，全零值图像会变成非全零值图像。所以使用全零值图像就无法达到攻击其他加密算法时的忽略置换过程的效果。其次，在扩散过程中，由于公式（6.12）到公式（6.19）的特殊设计，攻击者也无法利用全零值图像、仅一个像素值不为零图像或单一值像素图像来确定明文像素与密文像素之间的数学关系。

6.4.8　加密效率分析

除了安全性，加密效率也是决定一个混沌图像加密算法是否具有实用价值的重要指标。为了提高加密效率，DD-PCIE 改进了 DLM-IE 以及一些最新混沌图像加密算法使用明文图像散列值来扰动混沌系统或参与混沌序列生成的设计[9, 11, 33, 37-38, 101, 149, 195]。这样一来，一旦秘密密钥确定，混沌序列可以事先生成并重复使用，从而避免了生成混沌序列的计算开销[78, 80]。同样地，所有明文图像的散列值也可以事先确定或计算得出，并且可以明文传输。因为只有 256 位的散列值是无法恢复明文图像的。因此，DD-PCIE 的加密时间只需考虑加密过程本身，无需考虑混沌序列的生成和散列值的计算。而在加密过程中，DNA 序列操作又具有极高的并行性。相对于置换和扩散，DNA 序列操作因为可以高度并行化，所以其计算时间几乎可以忽略不计。以上的这些设计和改进确保了 DD-PCIE 具有优于许多最新混沌图像加密算法的极快加密效率。表 6.11 列出了 DD-PCIE 与一些其他加密算法加密大小为 256×256 的灰度图像 Lena 所需的时间。

表 6.11　不同加密算法下 Lena 图像的平均加密时间

算法	DD-PCIE	文献[47]	文献[48]	文献[50]	文献[53]	文献[54]
加密时间	0.216 秒	0.275 秒	0.926 秒	0.683 秒	0.264 秒	0.417 秒

6.5　本章小结

就混沌图像加密算法而言，安全性和加密效率是最重要的两个特性。如果一个加密算法不具备极高的安全性，不能抵御各种攻击，那么这样的加密算法就毫无意义。同样地，如果加密算法加密效率低下，就会影响其实用性。考虑到选择明文攻击是绝大多数混沌图像加密算法被破解的原因，即最具有威胁性，DD-PCIE 将明文图像散列值应用于整个加密过程，从而大大提高了 DD-PCIE 抵御选择明文攻击的能力。具体而言，第一，通过进行像素值更新，使得攻击者在进行选择明文攻击时无法任意选择特殊明文图像；第二，在置换过程中，明文图像散列值也参与置换坐标的生成；第三，动态 DNA 序列操作中的 DNA 编解码规则也都取决于明文图像散列值；最后，在动态扩散中，扩散方式和具体的扩散内容同样与明文相关。此外，DD-PCIE 也通过一些改进确保了加密效率。没有像有些加密算法那样，通过明文图像散列值来参与生成混沌系统参数，并且通过采用 DNA 操作来提高部分加密过程的并行性。因此，DD-PCIE 具有极高的加密效率。第 6.4 节的理论分析和测试结果也表明，与一些最新的加密算法相比，DD-PCIE 具有更高的安全性和更高的加密效率。未来，本书作者会进一步优化 DD-PCIE 的加密过程，引入新的技术手段和设计理念，从而进一步提高混沌图像加密算法的安全性和实用性。

第 7 章

总结与展望

7.1 本书研究工作总结

由于混沌系统的参数敏感性、遍历性、内随机性等卓越特性，基于混沌系统的图像加密受到了国内外研究人员的广泛关注。在过去的二十多年间，研究人员提出了大量的混沌图像加密算法。在这些混沌图像加密算法中，研究人员不断引入新的混沌系统、新的处理技术和新的加密过程设计。与此同时，也有许多研究人员针对混沌图像加密算法的整个设计过程和涉及的部分领域进行了卓有成效的分析和研究。当然更多的是针对已有混沌图像加密算法所进行的密码分析工作。毫无疑问，以上的这些设计、分析和研究工作都极大地促进了混沌图像加密技术的发展。到目前为止，基于混沌系统的图像加密技术已经基本成熟，关于混沌图像加密算法的基本框架和安全性验证等，已经形成了一系列较为完善的理论和方法。

然而，问题仍然存在，有学者对一些混沌图像加密算法的安全性和加密效率提出了质疑。鉴于此，本书作者首先对国际知名学术期刊《Signal Processing》（影响因子 3.470）、《IEEE Photonics Journal》（影响因子 2.627）和《Information Sciences》（影响因子 4.305）上最新报道的三种混沌图像加密算法进行了分析和研究，指出了这些加密算法在合理性、实用性和安全性方面存在的一些问题，并提出了针对性的选择明文攻击算法，在不知道任何秘密密钥相关信息的情况下战功恢复了明文图像。然后，在这些密码分析工作基础上，为了进一步提高混沌图像加密的安全性和加密效率，本书又先后提出了两种新的混沌图像加密算法。无论是对现有最新混沌图像加密算法的分析、研究与改进，还是新的混沌图像加密算法的提出，本书作者所做的研究工作对于混沌图像加密技术的发展，都有一定的推动作用。本书研究战果的要点和创新点如下：

（1）对基于集成式混沌系统的图像加密算法的密码分析与改进：① 指出了整数序列转换方面存在的问题，并进行了分析和改进；② 指出了行列置换不可逆的问题，并进行了分析和改进；③ 指出了随机数使用违反柯克霍夫原则、缺乏可行性的问题，并进行了分析和改进；④ 指出了替换过程中使用的模数可能暴露明文图像信息、导致密文图像无法完全正确解密的问题，并进行了分析和改进；⑤ 指出了整个加密过程无任何明文扩散性的问题，并进行了分析；⑥ 指出了解密密钥流重建方式不合理的问题，并进行了分析和改进；⑦ 对该加密算法进行了全面的密码分析，提出了可同时确定等价置换矩阵和等价替换矩阵的选择明文攻击算法，并在不知道任何秘密密钥相关信息的情况下，完全恢复了明文图像；⑧针对混沌序列的使用、加密过程的设计以及抵御特定攻击的能力，提出了进一步提高该加密算法的安全性和加密效率的建议。

（2）对基于 DNA 编码和扰乱的超混沌图像加密算法的密码分析与改进：① 指出了混沌序列转换不当的问题，并进行了分析和改进；② 指出了行列置换坐标计算不合理的问题，并进行了分析和改进；③ 指出了混沌序列使用效率低下的问题，并进行了分析；④ 指出了密钥流明文无关的问题，并进行了分析；⑤ 指出了像素级替换过程设计不合理的问题，并进行了分析；⑥ 指出了扩散过程设计不合理的问题，并进行了分析；⑦ 对该加密算法进行了全面的密码分析，提出了可消除扩散效果，先获取等价替换矩阵，再获取等价置换矩阵的选择明文攻击算法。并通过测试和分析验证了攻击算法的可行性与有效性；⑧ 针对混沌系统初始值的生成、混沌序列的使用以及加密过程的设计，提出了进一步提高该加密算法的安全性和加密效率的建议。

（3）对基于二维混沌映射的图像加密算法的密码分析与改进：① 指出了缺乏混沌矩阵生成细节的问题，并进行了分析和改进；② 指出了混沌系统参数生成算法设计不合理的问题，并提出了改进算法；③ 指出了在密钥空间内存在大量等价密钥的问题，并进行了分析；④ 指出了大量随机值的使用违反柯克霍夫原则、缺乏可行性和影响实用性的问题，并进行了分析；⑤ 指出了置换过程设计不合理和缺乏细节的问题，并进行了分析和改进；⑥ 指出了密钥流仅依赖于秘密密钥的问题，并进行了分析；⑦ 对该加密算法进行了全面的密码分析，提出了通过构建和求解异或方程组恢复明文图像的攻击算法，并在不知道任何秘密密钥相关信息的情况下，完全恢复了明文图像；⑧ 针对存在大量等价密钥的问题、大量随机值使用的问题以及密钥流明文无关的问题，提出了进一步提高该加密算法的安全性和加密效率的建议。

（4）提出了一种基于离散对数和忆阻混沌系统的图像加密算法：① 提出了一种新的忆阻混沌系统；② 率先将离散对数引入混沌图像加密；③ 改进了明文图像散列值的使用方式，避免了一次一密和违反柯克霍夫原则的情况；④ 通过乘法群生成元扩大了密钥空间，提高了加密过程的复杂性和明文相关性；⑤ 在置换过程中引入了离散对数、明文图像散列值和像素值变化，使其具有明文相关性和更高的复杂性；⑥ 通过引入离散对数、明文图像散列值和改进的扩散过程设计，使扩散过程具有明文相关性以及更高的复杂性与明文扩散性；⑦ 通过理论分析、相关测试和对比分析验证了该加密算法的实用性和安全性。

（5）提出了基于离散对数和 DNA 序列操作的明文相关的混沌图像加密算法：① 提出了预先生成混沌序列并重复使用混沌序列的设计思想，提高了加密效率；② 进一步改进了明文图像散列值的使用方式，使得整个加密过程与明文密切相关，但又不妨碍混沌序列的预先生成与重用；③ 通过使用离散对数、明文图像散列值，设计了结合像素值置换和像素值更新的加密步骤，提高了加密过程的复杂性、明文相关性和明文敏感性；④ 通过使用离散对数、明文图像散列值，结合动态编码的 DNA 序列操作，提高了加密过程的加密效率、复杂性、明文相关性和明文敏感性；⑤ 在置换过程中引入了离散对数、明文图像散列值和像素值变化，使其具有明文相关性和更高的复杂性；⑥ 通过使用离散对数、明文图像散列值，设计了具有更高效率、复杂性、明文相关性和明文敏感性的扩散过程；⑦ 首次对加密算法的选择明文攻击抵御能力进行了全面分析，确保了新的加密算法能有效抵御选择明文攻击；⑧ 通过理论分析、相关测试和对比分析验证了该加密算法的实用性和安全性。

7.2 未来研究工作展望

虽然本书已经提出了两种新的混沌图像加密算法，并从理论分析和模拟测试两方面验证了该算法的实用性和安全性，但混沌图像加密技术的相关研究仍然大有可为。未来，本书作者将在以下方面进一步开展相关研究工作：

（1）混沌图像加密算法的实用化。目前，绝大多数混沌图像加密算法的设计、实现和分析都只局限于实验阶段，并没有投入实际运用。未来，本书作者将进一步完善本书提出的混沌图像加密算法的设计和软硬件实现，争取将其投入实际运用，并通过实际运用中发现的问题来进一步提高这些加密算法的合理性、实用性和安全性。

（2）密码分析。密码分析对于加密技术的发展有着至关重要的作用，通过对现有的加密算法进行密码分析，可以找出其中可能存在的各种问题，从而为后续的加密算法设计提供有益参考。对于混沌图像加密算法而言，也是如此。广大研究人员针对各种混沌图像加密算法所进行的大量密码分析工作就是很好的例子。

（3）量子计算技术的发展所带来的信息安全挑战。目前，量子计算技术和量子计算机已经逐渐成熟。量子计算机由于具有极其强大的计算能力，给现有的密码技术带来了巨大的安全挑战。因此，有必要针对量子计算技术进行研究，从而结合量子计算技术，开发能够抵御量子计算攻击的混沌图像加密算法。

参考文献

[1] Peng Fei, Gong Xiaoqing, Long Min, Sun Xingming. A selective encryption scheme for protecting H.264/AVC video in multimedia social network [J]. Multimedia Tools and Applications, 2017, 76(3): 3235-3253.

[2] Chen Guanrong, Mao Yaobin, Chui Charles K. A symmetric image encryption scheme based on 3D chaotic cat maps [J]. Chaos, Solitons and Fractals, 2004, 21(3): 749-761.

[3] Pareek N.K., Patidar Vinod, Sud K.K. Image encryption using chaotic logistic map [J]. Image and Vision Computing, 2006, 24(9): 926-934.

[4] Rössler O.E. An equation for continuous chaos [J]. Physics Letters A, 1976, 57(5): 397-398.

[5] Lü Jinhu, Chen Guanrong. A New Chaotic Attractor Coined [J]. International Journal of Bifurcation and Chaos, 2002, 12(3): 659-661.

[6] Kengne Romanic, Tchitnga Robert, Mezatio Anicet, Fomethe Anaclet, Litak Grzegorz. Finite-time synchronization of fractional-order simplest two-component chaotic oscillators [J]. The European Physical Journal B, 2017, 90: 88-97.

[7] Ke Junxiang, Yi Lilin, Hou tongtong, Hu ye, Xia Guangqiong, Hu Weisheng. Time Delay Concealment in Feedback Chaotic Systems With Dispersion in Loop [J]. IEEE Photonics Journal, 2017, 9(2): 7200808.

[8] Fridrich J. Symmetric Ciphers Based on Two-Dimensional Chaotic Maps [J]. International Journal of Bifurcation and Chaos, 1998, 8(6): 1259-1284.

[9] Chai Xiuli, Gan Zhihua, Zhang Miaohui. A fast chaos-based image encryption scheme with a novel plain image-related swapping block permutation and block diffusion [J]. Multimedia Tools and Applications, 2017, 76(14): 15561-15585.

[10] Wang Xingyuan, Liu Chuanming. A novel and effective image encryption algorithm based on chaos and DNA encoding [J]. Multimedia

Tools and Applications, 2017, 76(5): 6229-6245.

[11] Chai Xiuli. An image encryption algorithm based on bit level Brownian motion and new chaotic systems [J]. Multimedia Tools and Applications, 2017, 76(1): 1159-1175.

[12] Guo Shaofeng, Liu Ye, Gong Lihua, Yu Wenqian, Gong Yunliang. Bit-level image cryptosystem combining 2D hyper-chaos with a modified non-adjacent spatiotemporal chaos [J]. Multimedia Tools and Applications, 2018, 77(16): 21109-21130.

[13] Wang Xingyuan, Luan Dapeng. A novel image encryption algorithm using chaos and reversible cellular automata [J]. Communications in Nonlinear Science and Numerical Simulation, 2013, 18(11): 3075-3085.

[14] Wu Xiaolin, Zhu Bin, Hu Yutong, Ran Yamei. A Novel Color Image Encryption Scheme Using Rectangular Transform-Enhanced Chaotic Tent Maps [J]. IEEE Access, 2017, 5: 6429-6436.

[15] Diab Hossam. An Efficient Chaotic Image Cryptosystem Based on Simultaneous Permutation and Diffusion Operations [J]. IEEE Access, 2018, 6: 42227-42244.

[16] Kaur M., Kumar V. Efficient image encryption method based on improved Lorenz chaotic system [J]. Electronics Letters, 2018, 54(9): 562-564.

[17] Sun Shuliang. A Novel Hyperchaotic Image Encryption Scheme Based on DNA Encoding, Pixel-Level Scrambling and Bit-Level Scrambling [J]. IEEE Photonics Journal, 2018, 10(2): 7201714.

[18] Ping Ping, Fan Jinyang, Mao Yingchi, Xu Feng, Gao Jerry. A Chaos Based Image Encryption Scheme Using Digit-Level Permutation and Block Diffusion [J]. IEEE Access, 2018, 6: 67581-67593.

[19] Wang Xingyuan, Hou Yutao, Wang Shibing, Li Rui. A New Image Encryption Algorithm Based on CML and DNA Sequence [J]. IEEE Access, 2018, 6: 62272-62285.

[20] Abd El-Latif Ahmed A., Abd-El-Atty Bassem, Talha Muhammad. Robust Encryption of Quantum Medical Images [J]. IEEE Access, 2018, 6: 1073-1081.

[21] Guo Jingming, Riyono Dwi, Prasetyo Heri. Improved Beta Chaotic Image Encryption for Multiple Secret Sharing [J]. IEEE Access, 2018, 6: 46297-46321.

[22] Zhang Xuncai, Zhou Zheng, Niu Ying. An Image Encryption Method Based on the Feistel Network and Dynamic DNA Encoding [J]. IEEE Photonics Journal, 2018, 10(4): 3901014.

[23] Wang Xingyuan, Zhu Xiaoqiang, Zhang Yingqian. An Image Encryption Algorithm Based on Josephus Traversing and Mixed Chaotic Map [J]. IEEE Access, 2018, 6: 23733-23746.

[24] Kwok H.S., Tang Wallace K.S. A fast image encryption system based on chaotic maps with finite precision representation [J]. Chaos, Solitons and Fractals, 2007, 32(4): 1518-1529.

[25] Seyedzadeh Seyed Mohammad, Mirzakuchaki Sattar. A fast color image encryption algorithm based on coupled two-dimensional piecewise chaotic map [J]. Signal Processing, 2012, 92(5): 1202-1215.

[26] Aqeel-ur-Rehman, Liao Xiaofeng, Hahsmi Muntazim Abbas, Haider Rizwan. An efficient mixed inter-intra pixels substitution at 2bits-level for image encryption technique using DNA and chaos [J]. Optik, 2018, 153: 117-134.

[27] Aqeel-ur-Rehman, Liao Xiaofeng, Ashraf Rehan, Ullah Saleem, Wang Hueiwei. A Color Image Encryption Technique using Exclusive-OR with DNA Complementary Rules based on Chaos Theory and SHA-2 [J]. Optik, 2018, 159: 348-367.

[28] Ullah Atta, Jamal Sajjad Shaukat, Shah Tariq. A novel scheme for image encryption using substitution box and chaotic system [J]. Nonlinear Dynamics, 2018, 91(1): 359-370.

[29] Fu Xingquan, Liu Bocheng, Xie Yiyuan, Li Wei, Liu Yong. Image Encryption-Then-Transmission Using DNA Encryption Algorithm and The Double Chaos [J]. IEEE Photonics Journal, 2018, 10(3): 3900515.

[30] Chen Junxin, Zhu Zhiliang, Zhang Libo, Zhang Yushu, Yang Benqiang. Exploiting self-adaptive permutation-diffusion and DNA random encoding for secure and efficient image encryption [J]. Signal Processing, 2018, 142, 340-353.

[31] Wu Jiahui, Liao Xiaofeng, Yang bo. Image encryption using 2D Hénon-Sine map and DNA approach [J]. Signal Processing, 2018, 153: 11-23.

[32] Hu Ting, Liu Ye, Gong Lihua, Guo Shaofeng, Yuan Hongmei. Chaotic image cryptosystem using DNA deletion and DNA insertion [J]. Signal Processing, 2017, 134: 234-243.

[33] Chai Xiuli, Chen Yiran, Broyde Lucie. A novel chaos-based image encryption algorithm using DNA sequence operations [J]. Optics and Lasers in Engineering, 2017, 88: 197-213.

[34] Liu Wenhao, Sun Kehui, He Yi, Yu Mengyao. Color Image Encryption Using Three-Dimensional Sine ICMIC Modulation Map and DNA Sequence Operations [J]. International Journal of Bifurcation and Chaos, 2017, 27(11): 1750171.

[35] Sun Shuliang. Chaotic image encryption scheme using two-by-two deoxyribonucleic acid complementary rules [J]. Optical Engineering, 2017, 56(11): 116117.

[36] Lan Rushi, He Jinwen, Wang Shouhua, Gu Tianlong, Luo Xiaonan. Integrated chaotic systems for image encryption [J]. Signal Processing, 2018, 147: 133-145.

[37] Chai Xiuli, Gan Zhihua, Yang Kang, Chen Yiran, Liu Xiangxing. An image encryption algorithm based on the memristive hyperchaotic system, cellular automata and DNA sequence operations [J]. Signal

Processing: Image Communication, 2017, 52: 6-19.

[38] Chai Xiuli, Gan Zhihua, Yuan Ke, Chen Yiran, Liu Xianxiang. A novel image encryption scheme based on DNA sequence operations and chaotic systems [J]. Neural Computing and Applications, 2019, 31: 219-237.

[39] Wang Xingyuan, Li Pi, Zhang Yingqian, Liu Liyan, Zhang Hengzhi, Wang Xiukkun. A novel color image encryption scheme using DNA permutation based on the Lorenz system [J]. Multimedia Tools and Applications, 2018, 77(5): 6243-6245.

[40] Kumar Manish, Iqbal Akhlad, Kumar Pranjal. A new RGB image encryption algorithm based on DNA encoding and elliptic curve Diffie–Hellman cryptography [J]. Signal Processing, 2016, 125: 187-202.

[41] Jain Anchal, Rajpal Navin. A robust image encryption algorithm resistant to attacks using DNA and chaotic logistic maps [J]. Multimedia Tools and Applications, 2016, 75(10): 5455-5472.

[42] 王静. 混沌数字图像加密技术研究 [D]. 南京: 南京邮电大学, 2013.

[43] 刘杨. 混沌伪随机序列算法及图像加密技术研究 [D]. 哈尔滨: 哈尔滨工业大学, 2015.

[44] 李春虎. 基于混沌的图像加密关键技术研究 [D]. 成都: 电子科技大学, 2017.

[45] 陈磊. 基于混沌的图像加密与数字水印算法的安全性研究 [D]. 北京: 北京邮电大学, 2018.

[46] Zhen Ping, Zhao Geng, Min Lequan, Jin Xin. Chaos-based image encryption scheme combining DNA coding and entropy [J]. Multimedia Tools and Applications, 2016, 75(11): 6303-6319.

[47] Zhu Hegui, Zhang Xiangde, Yu Hai, Zhao Cheng, Zhu Zhiliang. An image encryption algorithm based on compound homogeneous hyper-chaotic system [J]. Nonlinear Dynamics, 2017, 89(1): 61-79.

[48] Zhu Hegui, Zhao Yiran, Song Yujia. 2D Logistic-Modulated-Sine-Coupling-Logistic Chaotic Map for Image Encryption [J]. IEEE Access, 2019, 7: 14081-14098.

[49] Xu Ming, Tian Zihong. A novel image cipher based on 3D bit matrix and latin cubes [J]. Information Sciences, 2019, 478: 1-14.

[50] Wu Xiangjun, Wang Dawei, Kurths Jürgen, Kan Haibin. A novel lossless color image encryption scheme using 2D DWT and 6D hyperchaotic system [J]. Information Sciences, 2016, 349-350: 137-153.

[51] Zhang Wei, Yu Hai, Zhao Yuli, Zhu Zhiliang. Image encryption based on three-dimensional bit matrix permutation [J]. Signal Processing, 2016, 118: 36-50.

[52] Zahmoul Rim, Ejbali Ridha, Zaied Mourad. Image encryption based on new Beta chaotic maps [J]. Optics and Lasers in Engineering, 2017, 96: 39-49.

[53] Diaconu Adrian-Viorel. Circular inter-intra pixels bit-level permutation and chaos-based image encryption [J]. Information Sciences, 2016, 355-356: 314-327.

[54] Yin Qi, Wang Chunhua. A New Chaotic Image Encryption Scheme Using Breadth-First Search and Dynamic Diffusion [J]. International Journal of Bifurcation and Chaos, 2018, 28(4): 18500470.

[55] Tu Guangyou, Liao xiaofeng, Xiang Tao. Cryptanalysis of a color image encryption algorithm based on chaos [J]. Optik, 2013, 124(22): 5411-5415.

[56] Wang Bin, Wei Xiaopeng, Zhang Qiang. Cryptanalysis of an image cryptosystem based on logistic map [J]. Optik, 2013, 124(14): 1773-1776.

[57] Laiphrakpam Dolendro Singh, Khumanthem Manglem Singh. Cryptanalysis of symmetric key image encryption using chaotic Rossler system [J]. Optik, 2017, 135: 200-209.

[58] Özkaynak Fatih, Özer Ahmet Bedri. Cryptanalysis of a new image encryption algorithm based on chaos [J]. Optik, 2016, 127(13): 5190-5192.

[59] Özkaynak Fatih. Brief review on application of nonlinear dynamics in image encryption [J]. Nonlinear Dynamics, 2018, 92(2): 305-313.

[60] Dhall Sakshi, Pal Saibal K., Sharma Kapil. Cryptanalysis of image encryption scheme based on a new 1D chaotic system [J]. Signal Processing, 2018, 146: 22-32.

[61] Lin Zhuosheng, Yu Simin, Feng xiutao, Lü Jinhu. Cryptanalysis of a Chaotic Stream Cipher and Its Improved Scheme [J]. International Journal of Bifurcation and Chaos, 2018, 28(7): 1850086.

[62] Li Ming, Fan Haiju, Xiang Yong, Li Yang, Zhang Yushu. Cryptanalysis and Improvement of a Chaotic Image Encryption by First-Order Time-Delay System [J]. IEEE MultiMedia, 2018, 25(3): 92-101.

[63] Hu Guiqiang, Xiao Di, Wang Yong, Li Xinyan. Cryptanalysis of a chaotic image cipher using Latin square-based confusion and diffusion [J]. Nonlinear Dynamics, 2017, 88(2): 1305-1316.

[64] Hoang Thang Manh, Thanh Hoang Xuan. Cryptanalysis and security improvement for a symmetric color image encryption algorithm [J]. Optik, 2018, 155: 366-383.

[65] Dou Yuqiang, Liu Xiumin, Fan Haiju, Li Ming. Cryptanalysis of a DNA and chaos based image encryption algorithm [J]. Optik, 2017, 145: 456-464.

[66] Rhouma Rhouma, Belghith Safya. Cryptanalysis of a new image encryption algorithm based on hyper-chaos [J]. Physics Letters A, 2008, 372(38): 5973-5978.

[67] Li Chengqing, Li Shujun, Chen Guanrong, Halang Wolfgang A. Cryptanalysis of an image encryption scheme based on a compound chaotic sequence [J]. Image and Vision Computing, 2009, 27(8): 1035-1039.

[68] Zhang Yushu, Xiao Di, Wen Wenying, Nan Hai. Cryptanalysis of image scrambling based on chaotic sequences and Vigenère cipher [J]. Nonlinear Dynamics, 2014, 78(1): 235-240.

[69] Zhang Yushu, Xiao Di, Wen Wenying, Li Ming. Cryptanalyzing a novel image cipher based on mixed transformed logistic maps[J]. Multimedia Tools and Applications, 2014, 73(3): 1885-1896.

[70] Liu Yuansheng, Zhang Leo Yu, Wang Jia, Zhang Yushu, Wong Kwok-wo. Chosen-plaintext attack of an image encryption scheme based on modified permutation-diffusion structure [J]. Nonlinear Dynamics, 2016, 84(4): 2241-2250.

[71] Su Moting, Wen Wenying, Zhang Yushu. Security evaluation of bilateral-diffusion based image encryption algorithm [J]. Nonlinear Dynamics, 2014, 77(1-2): 243-246.

[72] Özkaynak Fatih, Özer Ahmet Bedri, Yavuz Sirma. Cryptanalysis of a novel image encryption scheme based on improved hyperchaotic sequences [J]. Optics Communications, 2012, 285(24): 4946-4948.

[73] Zhang Yushu, Li Yantao, Wen Wenying, Wu Yongfei, Chen Junxin. Deciphering an image cipher based on 3-cell chaotic map and biological operations [J]. Nonlinear Dynamics, 2015, 82(4): 1831-1837.

[74] Wen Wenying, Zhang Yushu, Su Moting, Zhang Rui, Chen Junxin, Li Ming. Differential attack on a hyper-chaos-based image cryptosystem with a classic bi-modular architecture [J]. Nonlinear Dynamics, 2017, 87(1): 383-390.

[75] Rhouma Rhouma, Solak Ercan, Belghith Safya. Cryptanalysis of a new substitution-diffusion based image cipher [J]. Communications in Nonlinear Science and Numerical Simulation, 2010, 15(7): 1887-1892.

[76] Li Ming, Lu Dandan, Wen Wenying, Ren Hua, Zhang Yushu. Cryptanalyzing a Color Image Encryption Scheme Based on Hybrid Hyper-Chaotic System and Cellular Automata [J]. IEEE Access, 2018, 6: 47102-47111.

[77] Shannon Claude, Weaver Warren. The Mathematical Theory of Communication [M]. Champaign: Illinois University Press, 1949.

[78] Preishuber Mario, Hütter Thomas, Katzenbeisser Stefan, Uhl Andreas. Depreciating Motivation and Empirical Security Analysis of Chaos-Based Image and Video Encryption [J]. IEEE Transactions on Information Forensics and Security, 2018, 13(9): 2137-2150.

[79] Alvarez Gonzalo, Li Shujun. Some Basic Cryptographic Requirements for Chaos-Based Cryptosystems [J]. International Journal of Bifurcation and Chaos, 2006, 16(8): 2129-2151.

[80] Li Chengqing, Lin Dongdong, Feng Bingbing, Lü Jinhu, Hao Feng. Cryptanalysis of a Chaotic Image Encryption Algorithm Based on Information Entropy [J]. IEEE Access, 2018, 6: 75834-75842.

[81] Zhu Congxu, Sun Kehui. Cryptanalyzing and Improving a Novel Color Image Encryption Algorithm Using RT-Enhanced Chaotic Tent Maps [J]. IEEE Access, 2018, 6: 18759-18770.

[82] Akhavan A., Samsudin A., Akhshani A. Cryptanalysis of an image encryption algorithm based on DNA encoding [J]. Optics and Laser Technology, 2017, 95: 94-99.

[83] Xu Ming, Tian Zihong. Security analysis of a novel fusion encryption algorithm based on DNA sequence operation and hyper-chaotic system [J]. Optik, 2017, 134: 45-52.

[84] Su Xin, Li Weihai, Hu Honggang. Cryptanalysis of a chaos-based image encryption scheme combining DNA coding and entropy [J]. Multimedia Tools and Applications, 2017, 76(12): 14021-14033.

[85] Luo Yuling, Cao Lvchen, Qiu Senhui, Harkin Jim, Liu Junxiu. A chaotic map-control-based and the plain image-related cryptosystem [J]. Nonlinear Dynamics, 2016, 83(4): 2293-2310.

[86] Zhu Congxu, Wang Guojun, Sun Kehui. Improved Cryptanalysis and Enhancements of an Image Encryption Scheme Using Combined 1D Chaotic Maps [J]. Entropy, 2018, 20(11): 843.

[87] Zhu Congxu, Wang Guojun, Sun Kehui. Cryptanalysis and Improvement on an Image Encryption Algorithm Design Using a Novel Chaos Based S-Box [J]. Symmetry, 2018, 10(9): 399.

[88] Zhang Leo Yu, Liu Yuansheng, Pareschi Fabio, Zhang Yushu, Wong Kwok-Wo, Rovatti Riccardo, et al. On the Security of a Class of Diffusion Mechanisms for Image Encryption [J]. IEEE Transactions on Cybernetics, 2018, 48(4): 1163-1175.

[89] Zhang Leo Yu, Zhang Yu Shu, Liu Yuansheng, Yang Anjia, Chen Guanrong. Security Analysis of Some Diffusion Mechanisms Used in Chaotic Ciphers [J]. International Journal of Bifurcation and Chaos, 2017, 27(10): 1750155.

[90] Ahmad Musheer, Solami Eesa Al, Wang Xingyuan, Doja M.N., Sufyan Beg M.M., Alzaidi Amer Awad. Cryptanalysis of an Image Encryption Algorithm Based on Combined Chaos for a BAN System, and Improved Scheme Using SHA-512 and Hyperchaos [J]. Symmetry, 2018, 10(7): 266.

[91] Pak Chanil, Huang Lilian. A new color image encryption using combination of the 1D chaotic map [J]. Signal Processing, 2017, 138: 129-137.

[92] Wang Hui, Xiao Di, Chen Xin, Huang Hongyu. Cryptanalysis and enhancements of image encryption using combination of the 1D chaotic map [J]. Signal Processing, 2018, 144: 444-452.

[93] Liu Yang, Tong Xiaojun, Ma Jing. Image encryption algorithm based on hyper-chaotic system and dynamic S-box [J]. Multimedia Tools and Applications, 2016, 75(13): 7739-7759.

[94] Zhang Xuanping, Nie Weiguo, Ma Youling, Tian Qinqin. Cryptanalysis and improvement of an image encryption algorithm based on hyper-chaotic system and dynamic S-box [J]. Multimedia Tools and Applications, 2017, 76(14): 15641-15659.

[95] Li Ming, Guo Yuzhu, Huang Jie, Li Yang. Cryptanalysis of a chaotic image encryption scheme based on permutation-diffusion structure [J]. Signal Processing: Image Communication, 2018, 62: 164-172.

[96] Gong Lihua, Deng Chengzhi, Pan Shumin, Zhou Nanrun. Image compression-encryption algorithms by combining hyper-chaotic system with discrete fractional random transform [J]. Optics and Laser Technology, 2018, 103: 48-58.

[97] Zhang Yong, Tang Yingjun. A plaintext-related image encryption algorithm based on chaos [J]. Multimedia Tools and Applications, 2018, 77(6): 6647-6669.

[98] Ye Guodong, Huang Xiaoling, Zhang Leo Yu, Wang Zhengxia. A self-cited pixel summation based image encryption algorithm [J]. Chinese Physics B, 2017, 26(1): 131-138.

[99] Lee Wai Kong, Phan Raphael C.W., Yap Wun She, Goi Bok Min. SPRING: a novel parallel chaos-based image encryption scheme [J]. Nonlinear Dynamics, 2018, 92(2): 575-593.

[100] Zhou Nanrun, Pan Shumin, Cheng Shan, Zhou Zhihong. Image compression-encryption scheme based on hyper-chaotic system and 2D compressive sensing [J]. Optics and Laser Technology, 2016, 82: 121-133.

[101] Chai Xiuli, Kang Yang, Gan Zhihua. A new chaos-based image encryption algorithm with dynamic key selection mechanisms [J]. Multimedia Tools and Applications, 2017, 76(7): 9907-9927.

[102] François M., Grosges T., Barchiesi D., Erra R. Image Encryption Algorithm Based on a Chaotic Iterative Process [J]. Applied Mathematics, 2017, 3(12): 1910-1920.

[103] Jridi Maher, Alfalou Ayman. Real-time and encryption efficiency improvements of simultaneous fusion, compression and encryption method based on chaotic generators [J]. Optics and Lasers in Engineering, 2018, 102: 59-69.

[104] Jolfaei Alireza, Wu Xinwen, Muthukkumarasamy Vallipuram. On the Security of Permutation-Only Image Encryption Schemes [J]. IEEE Transactions on Information Forensics and Security, 2016, 11(2): 235-246.

[105] Li Shujun, Li Chengqing, Chen Guanrong, Bourbakis Nikolaos G., Lo Kwok Tung. A general quantitative cryptanalysis of permutation-only multimedia ciphers against plaintext attacks [J]. Signal Processing: Image Communication, 2008, 23(3): 212-223.

[106] Li Chengqing, Lo Kwok Tung. Optimal quantitative cryptanalysis of permutation-only multimedia ciphers against plaintext attacks [J]. Signal Processing, 2011, 91(4): 949-954.

[107] Zhang Leo Yu, Liu Yuansheng, Wang cong, Zhou Jiantao, Zhang Yushu, Chen Guanrong. Improved known-plaintext attack to permutation-only multimedia ciphers [J]. Information Sciences, 2018, 430-431: 228-239.

[108] Alvarez G., Li Shujun. Cryptanalyzing a nonlinear chaotic algorithm (NCA) for image encryption [J]. Communications in Nonlinear Science and Numerical Simulation, 2009, 14(11): 3743-3749.

[109] Wang Kai, Pei Wenjiang, Zou Liuhua, Song Aiguo, He Zhenya. On the security of 3D Cat map based symmetric image encryption scheme [J]. Physics Letters A, 2005, 343(6): 432-439.

[110] Li Chengqing, Lin Dongdong, Lü Jinhu. Cryptanalyzing an image-scrambling encryption algorithm of pixel bits [J]. IEEE Multimedia, 2017, 24(3): 64-71.

[111] Zhu Zhiliang, Zhang Wei, Wong Kwok-wo, Yu Hai. A chaos-based symmetric image encryption scheme using a bit-level permutation [J]. Information Sciences, 2011, 181(6): 1171-1186.

[112] Liu Hongjun, Wang Xingyuan. Color image encryption using spatial bit-level permutation and high-dimension chaotic system [J]. Optics Communications, 2011, 284(16-17): 3895-3903.

[113] Cao Chun, Sun Kehui, Liu Wenhao. A novel bit-level image encryption algorithm based on 2D-LICM hyperchaotic map [J]. Signal Processing, 2018, 143: 122-133.

[114] Gilmore R., McCallum J.W.L. Structure in the bifurcation diagram of the Duffing oscillator [J]. Physical Review E, 1995, 51(2): 935-956.

[115] Klimina L.A., Lokshin B. Y., Samsonov V.A. Bifurcation diagram of the self-sustained oscillation modes for a system with dynamic symmetry [J]. Journal of Applied Mathematics and Mechanics, 2017, 81(6): 442-449.

[116] Briggs Keith. An improved method for estimating Liapunov exponents of chaotic time series [J]. Physics Letters A, 1990, 151(1-2): 27-32.

[117] Eckmann J.P., Kamphorst S.O., Ruelle D., Ciliberto S. Liapunov exponents from time series [J]. Physical Review A, 1986, 34(6): 4971-4979.

[118] Brown R., Bryant P., Abarbanel H.D.I. Computing the Lyapunov spectrum of a dynamical system from an observed time series [J]. Physical Review A, 1991, 43(6): 2787-2806.

[119] Zaborszky J., Huang Garang, Zheng Baohua, Leung T.C. On the Phase Portrait of a Class of Large Nonlinear Dynamic Systems Such as the Power System [J]. IEEE Transactions on Automatic Control, 1988, 33(1): 4-15.

[120] Pham V.T., Jafari S. Constructing a Chaotic System with an Infinite Number of Equilibrium Points [J]. International Journal of Bifurcation and Chaos, 2016, 26(13): 1650225.

[121] May R.M. Simple mathematical models with very complicated dynamics [J]. Nature, 1976, 261: 459-467.

[122] Hua Zhongyun, Jin fan, Xu binxuan, Huang hejiao. 2D Logistic-Sine-coupling map for image encryption [J]. Signal Processing, 2018, 149: 148-161.

[123] Hua Zhongyun, Zhou Yicong. Image encryption using 2D Logistic-adjusted-Sine map [J]. Information Sciences, 2016, 339: 237-253.

[124] Belazi A., Abd El-Latif Ahmed A. A simple yet efficient S-box method based on chaotic sine map [J]. Optik, 2017, 130: 1438-1444.

[125] Yang Bo, Liao Xiaofeng. Some properties of the Logistic map over the finite field and its application [J]. Signal Processing, 2018, 153: 231-242.

[126] Elsadany A.A., Yousef A.M., Elsonbaty A. Further analytical bifurcation analysis and applications of coupled logistic maps [J]. Applied Mathematics and Computation, 2018, 338: 314-336.

[127] Hua Zhongyun, Zhou Yicong, Pun C.M., Chen C.L.P. 2D Sine Logistic modulation map for image encryption [J]. Information Sciences, 2015, 297: 80-94.

[128] Ye Guodong, Huang Xiaoling. An efficient symmetric image encryption algorithm based on an intertwining logistic map [J]. Neurocomputing, 2017, 251: 45-53.

[129] Ashish, Cao Jinde, Chugh Renu. Chaotic behavior of logistic map in superior orbit and an improved chaos-based traffic control model [J]. Nonlinear Dynamics, 2018, 94(2): 959-975.

[130] Li Chunhu, Luo Guangchun, Li Chunbao. An image encryption scheme based on chaotic tent map [J]. Nonlinear Dynamics, 2017, 87(1): 127-133.

[131] Ahmad, J., Khan M.A., Ahmed F., Khan J.S. A novel image encryption scheme based on orthogonal matrix, skew tent map, and XOR operation [J]. Neural Computing and Applications, 2018, 30(12): 3847-3857.

[132] Lorenz E.N. Deterministic nonperiodic flow [J]. Journal of the Atmospheric Sciences, 1963, 20: 130-141.

[133] Chua Leon O., Komuro M., Matsumoto T. The double scroll family [J]. IEEE Transactions on Circuits and Systems, 1986, 33(11): 1072-1118.

[134] Chen Guanrong, Ueta T. Yet Another Chaotic Attractor [J]. International Journal of Bifurcation and Chaos, 1999, 9(7): 1465-1466.

[135] Li Yuxia, Tang W.K.S., Chen Guanrong. Generating Hyperchaos via State Feedback Control [J]. International Journal of Bifurcation and Chaos, 2005, 15(10): 3367-3375.

[136] 王兴元, 王明军. 超混沌 Lorenz 系统 [J]. 物理学报, 2007, 56(9): 5136-5141.

[137] Liu Yunqi, Luo Yuling, Song Shuxiang, Cao Lvchen, Liu Junxiu, Harkin J. Counteracting Dynamical Degradation of Digital Chaotic Chebyshev Map via Perturbation [J]. International Journal of Bifurcation and Chaos, 2017, 27(3): 1750033.

[138] Hu Hanping, Deng Yashuang, Liu Lingfeng. Counteracting the dynamical degradation of digital chaos via hybrid control [J]. Communications in Nonlinear Science and Numerical Simulation, 2014, 19(6): 1970-1984.

[139] Liu Lingfeng, Miao Suoxia. Delay-introducing method to improve the dynamical degradation of a digital chaotic map [J]. Information Sciences, 2017, 396: 1-13.

[140] Zheng Jun, Hu Hanping, Xia Xiang. Applications of symbolic dynamics in counteracting the dynamical degradation of digital chaos [J]. Nonlinear Dynamics, 2018, 94(2): 1535-1546.

[141] Li Chengqing, Lin Dongdong, Lü Jinhu, Hao Feng. Cryptanalyzing an Image Encryption Algorithm Based on Autoblocking and Electrocardiography [J]. IEEE Multimedia, 2018, 25(4): 46-56.

[142] Li Chengqing, Feng Bingbing, Li Shujun, Kurths Jürgen, Chen Guanrong. Dynamic Analysis of Digital Chaotic Maps via State-Mapping Networks [J]. IEEE Transactions on Circuits and Systems I: Regular Papers, 2019, PP(99): 1-14.

[143] NIST Special Publication 800-22 Revision 1a. A statistical test suite for random and pseudorandom number generators for cryptographic applications [S].

[144] Ping Ping, Xu Feng, Mao Yingchi, Wang Zhijian. Designing permutation-substitution image encryption networks with Henon map [J]. Neurocomputing, 2018, 283: 53-63.

[145] Liu Lingfeng, Hao Shidi, Lin Jun, Wang Ze, Hu Xinyi, Miao Suoxia. Image block encryption algorithm based on chaotic maps [J]. IET Signal Processing, 2018, 12(1): 22-30.

[146] Flores-Vergara A., García-Guerrero E.E., Inzunza-González, E., López-Bonilla O.R., Rodríguez-Orozco E., Cárdenas-Valdez J.R. et al. Implementing a chaotic cryptosystem in a 64-bit embedded system by using multiple-precision arithmetic [J]. Nonlinear Dynamics, 2019, PP(99): 1-20.

[147] Li Yueping, Wang Chunhua, Chen hua. A hyper-chaos-based image encryption algorithm using pixel-level permutation and bit-level permutation [J]. Optics and Lasers in Engineering, 2017, 90: 238-246.

[148] Fu chong, Lin Binbin, Miao yusheng, Liu Xiao, Chen Junjie. A novel chaos-based bit-level permutation scheme for digital image encryption [J]. Optics Communications, 2011, 284(23): 5415-5423.

[149] Gan Zhihua, Chai Xiuli, Han Daojun, Chen Yiran. A chaotic image encryption algorithm based on 3-D bit-plane permutation [J]. Neural Computing and Applications, 2018, PP(99): 1-20.

[150] Kerchhoffs A. La cryptographie militaire [J]. Journal des sciences militaires, 1883, 11: 5-83.

[151] Alawida M., Samsudin A., Teh J.S. Enhancing unimodal digital chaotic maps through hybridisation [J]. Nonlinear Dynamics, 2019, PP(99): 1-13.

[152] Said M.R.M., Hina A.D., Banerjee S. Cryptanalysis of a family of 1D unimodal maps [J]. The European Physical Journal Special Topics, 2017, 226(10): 2281-2297.

[153] Li Chengqing. Cracking a hierarchical chaotic image encryption algorithm based on permutation [J]. Signal Processing, 2016, 118: 203-210.

[154] Wu Jiahui, Liao Xiaofeng, Yang Bo. Cryptanalysis and enhancements of image encryption based on three-dimensional bit matrix permutation [J]. Signal Processing, 2018, 142: 292-300.

[155] Li Ming, Lu Dandan, Xiang Yong, Zhang Yushu, Ren Hua. Cryptanalysis and improvement in a chaotic image cipher using two-round permutation and diffusion [J]. Nonlinear Dynamics, 2019, PP(99): 1-17.

[156] Chen Lei, Ma Bing, Zhao Xiaohong. Differential cryptanalysis of a novel image encryption algorithm based on chaos and Line map [J]. Nonlinear Dynamics, 2017, 87(3): 1797-1807.

[157] Chen Junxin, Han Fangfang, Qian Wei, Yao Yudong, Zhu Zhiliang. Cryptanalysis and improvement in an image encryption scheme using combination of the 1D chaotic map [J]. Nolinear Dynamics, 2018, 93(4): 2399-2413.

[158] Fan Haiju, Li Ming. Cryptanalysis and Improvement of Chaos-Based Image Encryption Scheme with Circular Inter-Intra-Pixels Bit-Level Permutation [J]. Mathematical Problems in Engineering, 2017, 2017: 8124912.

[159] Diab H., El-semary A.M. Cryptanalysis and improvement of the image cryptosystem reusing permutation matrix dynamically [J]. Signal Processing, 2018, 148: 172-192.

[160] Zhang Libo, Zhu Zhiliang, Yang Benqiang, Liu Wenyuan, Zhu Hongfeng, Zou Mingyu. Cryptanalysis and Improvement of an Efficient

and Secure Medical Image Protection Scheme [J]. Mathematical Problems in Engineering, 2015, 2015: 913476-913476.

[161] Fan Haiju, Li Ming, Liu Dong, An Kang. Cryptanalysis of a plaintext-related chaotic RGB image encryption scheme using total plain image characteristics [J]. Multimedia Tools and Applications, 2017, 77(15): 20103-20127.

[162] Luo Yuling, Zhang Dezheng, Liu Junxiu, Liu Yunqi. Cryptanalysis of Chaos-Based Cryptosystem from the Hardware Perspective [J]. International Journal of Bifurcation and Chaos, 2018, 28(9): 1850114.

[163] Zhang Yushu, Wen Wenying, Su Moting, Li Ming. Cryptanalyzing a novel image fusion encryption algorithm based on DNA sequence operation and hyper-chaotic system [J]. Optik, 2014, 125: 1562-1564.

[164] Liu Yuansheng, Tang Jie, Xie Tao. Cryptanalyzing a RGB image encryption algorithm based on DNA encoding and chaos map [J]. Optics and Laser Technology, 2014, 60: 111-115.

[165] Farajallah M., Assad S.E., Deforges O. Cryptanalyzing an image encryption scheme using reverse 2-dimensional chaotic map and dependent diffusion [J]. Multimedia Tools and Applications, 2018, 77(21): 28225-28248.

[166] Natiq. H, Al-Saidi N.M.G., Said M.R.M., Kilicman A. A new hyperchaotic map and its application for image encryption [J]. European Physical Journal Plus, 2018, 133(1): 6.

[167] Wu Xiangjun, Wang Kunshu, Wang Xingyuan, Kan Haibin, Kurths J. Color image DNA encryption using NCA map-based CML and one-time keys [J]. Signal Processing, 2018, 148: 272-287.

[168] Liu Wenhao, Sun Kehui, Zhu Congxu. A fast image encryption algorithm based on chaotic map [J]. Optics and Lasers in Engineering, 2016, 84: 26-36.

[169] Wang Xingyuan, Feng Le, Li Rui, Zhang Fuchen. A fast image encryption algorithm based on non-adjacent dynamically coupled map lattice model [J]. Nonlinear Dynamics, 2019, PP(99): 1-28.

[170] Yuan Hongmei, Liu Ye, Lin Tao, Hu Ting, Gong Lihua. A new parallel image cryptosystem based on 5D hyper-chaotic system [J]. Signal Processing: Image Communication, 2017, 52: 87-96.

[171] Li Shouliang, Yin Benshun, Ding Weikang, Zhang Tongfeng, Ma Yide. A Nonlinearly Modulated Logistic Map with Delay for Image Encryption [J]. Electronis, 2018, 7(11): 326.

[172] Raza S.F., Satpute V. A novel bit permutation-based image encryption algorithm [J]. Nonlinear Dynamics, 2019, PP(99): 1-15.

[173] Musanna F., Kumar S. A novel fractional order chaos-based image encryption using Fisher Yates algorithm and 3-D cat map [J]. Multimedia Tools and Applications, 2019, PP(99): 1-29.

[174] Li Bo, Liao Xiaofeng, Jiang Yan. A novel image encryption scheme based on improved random number generator and its implementation [J]. Nonlinear Dynamics, 2019, PP(99): 1-25.

[175] Çavuşoğlu Ü., Kaçar S. A novel parallel image encryption algorithm based on chaos [J]. Cluster Computing, 2019, PP(99): 1-13.

[176] Ye Guodong, Pan Chen, Huang Xiaoling, Mei Qixiang. An efficient pixel-level chaotic image encryption algorithm [J]. Nonlinear Dynamics, 2018, 94(1): 745-756.

[177] Ye Guodong, Huang Xiaoling. An Image Encryption Algorithm Based on Autoblocking and Electrocardiography [J]. IEEE MultiMedia, 2016, 23(2): 64-71.

[178] Liu Dongdai, Zhang Wei, Yu Hai, Zhu Zhiliang. An image encryption scheme using self-adaptive selective permutation and inter-intra-block feedback diffusion [J]. Signal Processing, 2018, 151: 130-143.

[179] Zhou Yicong, Hua Zhongyun, Pun Chiman, Chen C.L.P. Cascade Chaotic System With Applications [J]. IEEE Transactions on Cybernetics, 2015, 45(9): 2001-2012.

[180] Montesinos-García J.J., Martinez-Guerra R. Colour image encryption via fractional chaotic state estimation [J]. IET Image Processing, 2018, 12(10): 1913-1920.

[181] Hua Zhongyun, Zhou Yicong, Huang Hejiao. Cosine-transform-based chaotic system for image encryption [J]. Information Sciences, 2019, 480: 403-419.

[182] Yuan Liguo, Zheng Song, Alam Z. Dynamics analysis and cryptographic application of fractional logistic map [J]. Nonlinear Dynamics, 2019, PP(99): 1-22.

[183] Chen Junxin, Chen Lei, Zhang Leo Yu, Zhu Zhiliang. Medical image cipher using hierarchical diffusion and non-sequential encryption [J]. Nonlinear Dynamics, 2019, PP(99): 1-22.

[184] Hua Zhongyun, Yi Shuang, Zhou Yicong. Medical image encryption using high-speed scrambling and pixel adaptive diffusion [J]. Signal Processing, 2018, 144: 134-144.

[185] Wang Xiong, Çavuşoğlu Ü., Kacar S., Akgul A., Pham V.T., Jafari S., et al. S-Box Based Image Encryption Application Using a Chaotic System without Equilibrium [J]. Applied Sciences, 2019, 9(4): 781.

[186] Zhang Yong. The unified image encryption algorithm based on chaos and cubic S-Box [J]. Information Sciences, 2018, 450: 361-377.

[187] Sun Shuliang, Guo Yongning, Wu Ruikun. A Novel Image Encryption Scheme Based on 7D Hyperchaotic System and Row-column Simultaneous Swapping [J] . IEEE Access, 2019, PP(99):1-9.

[188] Zhu Hegui, Qi Wentao, Ge Jiangxia, Liu Yuelin. Analyzing Devaney Chaos of a Sine-Cosine Compound Function System [J]. International Journal of Bifurcation and Chaos, 2018, 28(14): 1850176.

[189] Lai Qiang, Chen Chaoyang, Zhao Xiaowen, Kengne J., Volos C. Constructing chaotic system with multiple coexisting attractors [J]. IEEE Access, 2019, PP(99): 1-7.

[190] Diffie W., Hellman M.E. New Directions in Cryptography [J]. IEEE Transactions on Information Theory, 1976, 22(6): 644-654.

[191] IEEE Std 754-2008. IEEE Standard for Floating-Point Arithmetic [S].

[192] Mondal B., Singh S., Kumar P. A secure image encryption scheme based on cellular automata and chaotic skew tent map [J]. Journal of Information Security and Applications, 2019, 45: 117-130.

[193] Niyat A.Y., Moattar M.H., Torshiz M.N. Color image encryption based on hybrid hyper-chaotic system and cellular automata [J]. Optics and Lasers in Engineering, 2017, 90: 225-237.

[194] Ping ping, Wu Jinjie, Mao Yingchi, Xu Feng, Fan Jinyang. Design of image cipher using life-like cellular automata and chaotic map [J]. Signal Processing, 2018, 150: 233-247.

[195] Chai Xiuli, Fu Xianglong, Gan Zhihua, Zhang Yushu, Lu Yang, Chen Yiran. An efficient chaos-based image compression and encryption scheme using block compressive sensing and elementary cellular automata [J]. Neural Computing and Applications, 2019, PP(99): 1-28.

[196] Zhou Nanrun, Chen Weiwei, Yan Xinyu, Wang Yunqian. Bit-level quantum color image encryption scheme with quantum cross-exchange operation and hyper-chaotic system [J]. Quantum Information Processing, 2018, 17: 137.

[197] Zhou Nanrun, Yan Xingyu, Liang Haoran, Tao Xiangyang, Li Guangyong. Multi-image encryption scheme based on quantum 3D Arnold transform and scaled Zhongtang chaotic system [J]. Quantum Information Processing, 2018, 17: 338.

[198] Jiang Nan, Dong Xuan, Hu Hao, Ji Zhuoxiao, Zhang Wenyin. Quantum Image Encryption Based on Henon Mapping [J]. International Journal of Theoretical Physics, 2019, 58(3): 979-991.

[199] Ran Qiwen, Wang Ling, Ma Jing, Tan Liying, Yu Siyuan. A quantum color image encryption scheme based on coupled hyper-chaotic Lorenz system with three impulse injections [J]. Quantum Information Processing, 2018, 17: 188.

[200] Liu Xingbin, Xiao Di, Xiang Yanping. Quantum Image Encryption Using Intra and Inter Bit Permutation Based on Logistic Map [J]. IEEE Access, 2019, 7: 6937-6946.

[201] Chen Hang, Tanougast C., Liu Zhengjun, Blondel W., Hao Boya. Optical hyperspectral image encryption based on improved Chirikov mapping and gyrator transform [J]. Optics and Lasers in Engineering, 2018, 107: 62-70.

[202] Huo Dongming, Zhou Dingfu, Yuan Sheng, Yi Shaoliang, Zhang Luozhi, Zhou Xin. Image encryption using exclusive-OR with DNA complementary rules and double random phase encoding [J]. Physics Letters A, 2019, 383(9): 915-922.

[203] Yi Kang, Zhang Leihong, Zhang Dawei. Study of an encryption system based on compressive temporal ghost imaging with a chaotic laser [J]. Optics Commnunications, 2018, 426: 535-540.

[204] Roy A., Misra A.P., Banerjee S. Chaos-based image encryption using vertical-cavity surface-emitting lasers [J]. Optik, 2019, 176: 119-131.

[205] Liu Qi, Wang Ying, Wang Jun, Wang Qionghua. Optical image encryption using chaos-based compressed sensing and phase-shifting interference in fractional wavelet domain [J]. Optical Review, 2018, 25(1): 46-55.

[206] Faragallah O.S. Optical double color image encryption scheme in the Fresnel-based Hartley domain using Arnold transform and chaotic logistic adjusted sine phase masks [J]. Optical and Quantum Electronics, 2018, 50: 118.

[207] Feng Wei, He Yigang, Li Chunlai, Su Xunmin, Chen Xiaoqing. Dynamical Behavior of a 3D Jerk System with a Generalized Memristive Device [J]. Complexity, 2018, 2018: 5620956.